百姓仕事がつくるフィールドガイド
田んぼの生き物
Guide to the Wild Life of Rice Paddies in the Ina Valley

飯田市美術博物館 編

代かき風景。雪をいただく中央アルプスが水面に映る(H)

築地書館

さあ、この本を持って田んぼへ行こう。

「カエル」「トンボ」というと、ほとんどの人はその形を目に浮かべることができるでしょう。さらに「青ガエル」「赤トンボ」というと、そのイメージに緑や赤の色が付くかもしれません。

では、「シュレーゲルアオガエル」「アキアカネ」というと、どんなイメージが浮かびますか？　多くの人は「そんなのは知らない」となってしまうのではないでしょうか。

名前を知ることは、自然と深くつき合うための入り口です。

もし名前を知ったなら、次に出会った瞬間、青ガエルはシュレーゲルアオガエルに、赤トンボはアキアカネになって、あなたの脳に直接飛び込んでくるでしょう。そして、**これまで見えていなかった生き物が「見えるようになる」**喜びに気づくはずです。

しかし、名前を知るということは簡単そうで難しいことです。

多くのカラー図鑑や専門書が出ていますが、じっさい図鑑を開いてみるとそっくりな種類がたくさんいるし、説明は専門用語でちんぷんかんぷん。「もういいやっ」って投げ出したくなってしまいます。

この本は、そんな図鑑の持つ名前調べの難しさをできるだけ軽減し、**誰でも開けば種類がわかる**ということを目標にして作りました。

田んぼという限られた環境で、そこで出会う生き物たちの8割の名前がわかるようになれば素晴らしい！　という思いを込めて編集してあります。

そして、図鑑のための生き物の調査は、その田んぼで米を作るお百姓さんたちが中心になって行いました。

農作業用の軽トラに網とカメラを積んで、自分の**田んぼで出会った生き物たち**をたんねんに記録していきました。自分たちが使いやすい図鑑を形にしたのが本書というわけです。

さあ、本書を持って近くの田んぼへ出かけてみませんか。

一番最初に目に飛び込んできた生き物の名前を調べてみてください。そして、新しいことを知る喜び、見えなかったものが見えてくる面白さを実感してみてください。

やがてその思いは無限に広がっていき、毎日食べるお米や農業のこと、美しい日本の農村風景にまでつながっていくことでしょう。

ひと・むし・たんぼの会を代表して
四方　圭一郎

■目　次

本書の使い方 …………………………………………………………… 4
フィールドの位置と水田環境 ………………………………………… 5

哺乳類 …………………………………………………………………… 11
鳥　類 …………………………………………………………………… 17
爬虫類 …………………………………………………………………… 27
両生類 …………………………………………………………………… 33
　　伊那谷の田んぼのカエルカレンダー ………………………… 44
魚　類 …………………………………………………………………… 45
トンボ類 ………………………………………………………………… 49
　　伊那谷の赤トンボ検索表 ……………………………………… 57
　　伊那谷の田んぼで見られる主なトンボの出現時期 ………… 70
カメムシ（半翅）類 …………………………………………………… 71
コウチュウ類 …………………………………………………………… 81
バッタ・カマキリ類 …………………………………………………… 95
チョウ・ガ類 …………………………………………………………… 103
ハチ・ハエ類ほか ……………………………………………………… 113
クモ類 …………………………………………………………………… 121
水生節足動物類 ………………………………………………………… 127
貝類ほか ………………………………………………………………… 131

主な参考文献 …………………………………………………………… 135
索　引 …………………………………………………………………… 136

＜エッセイ＞
　「虫眼」の発見 ……………………………………………………… 16
　赤トンボ …………………………………………………………… 32
　モートンイトトンボとダルマガエル …………………………… 44
　ミジンコの数に圧倒されたおじさん …………………………… 70
　稲作専業農家ですが、米だけ作っているわけではありません … 102
　ドジョウの田んぼ ………………………………………………… 120

■本書の使い方

　本書では伊那谷（5ページ参照）の水田で観察した動物を、生態写真を中心にして紹介しています。写真で紹介できた種数はフィールドサインなどを含め247種です。

　伊那谷には生息していないと思われるニホンアカガエルやトウキョウダルマガエルなども比較のために掲載してありますので、広く東日本で使うことができると思います。また、一部の特殊な種を除くと全国の水田でも問題なく利用してもらえると思います。

　この図鑑では、できるだけ絵合わせで名前がわかるようにしたいと努力しましたが、不十分な点も多々あります。各グループの扉に参考になる図書を示してあります。併用して利用いただくことをお勧めします。

＜掲載種＞
　掲載したのは、編者を含め「ひと・むし・たんぼの会」のメンバーが、伊那谷の水田を自分の足で歩いて観察できた種である。利用者が実際に水田に出かけ生き物を観察しようとするとき、普通に眼にするであろう種ができるだけ抜け落ちないよう心がけた。しかし、調査不十分な分類群もあり、すべてが掲載できたわけではない。

＜掲載順＞
　脊椎動物から無脊椎動物へ順に並べてあるが、必ずしも分類学的な順序で掲載したわけではない。だたし、同じ仲間はできるだけ近いところに並ぶよう心がけた。

＜名　前＞
　目、科、種の名前は、一部を除いて平凡社の「日本動物大百科1〜9、別冊」に準じた。

＜写　真＞
　写真の多くは伊那谷で撮影されたものであるが、一部は県外で撮影されたものも含まれている。撮影者はキャプションの末尾に記号で表示した。撮影者の一覧は本書の最後に掲載してある。

＜解　説＞
　解説は種の分布や特徴のほかに、伊那谷に類似種や見間違えやすい種が分布する場合は、見分け方などを簡単に解説した。ただし、類似種との区別には専門の図鑑を併用することが望ましい。また種によってはトピックスとしてレッドリストや食文化との結びつきなどの情報を加えた。

■フィールドの位置と水田環境

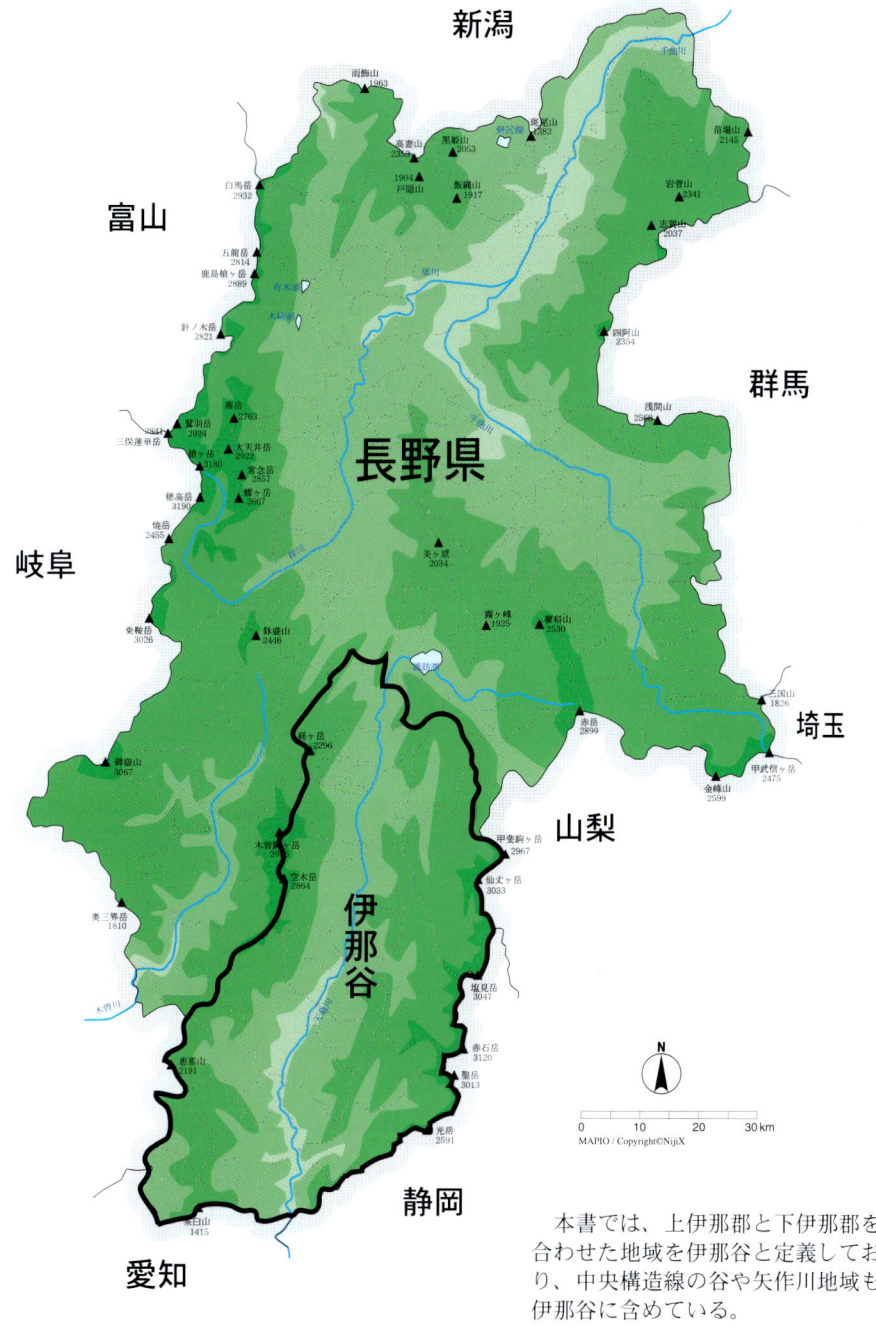

本書では、上伊那郡と下伊那郡を合わせた地域を伊那谷と定義しており、中央構造線の谷や矢作川地域も伊那谷に含めている。

伊那市高烏谷山（たかずやさん）から伊那市側（西側）を鳥瞰（ちょうかん）。水田の広がりと帯状にのびる段丘崖がよくわかる

飯田市風越山（かざこしやま）から飯田市側（東側）を鳥瞰（ちょうかん）。天竜川の東側には伊那山地の山麓に広がる丘陵地が見える

　伊那谷の中心は中央アルプスと伊那山地に挟まれた、南北100kmの細長い構造盆地である。中央に天竜川が流れ、支流が押し出した土砂で扇状地が形成されている。また断層の活動や支流の開析によって、断層崖、段丘崖が農地を切り裂くように帯状にのびて、伊那谷独特の風景を作り出している。
　水田は天竜川沿いの平坦地、用水の確保で昭和以降になって開かれた扇状地面、湧水や沢水が利用できる段丘崖沿いや山ぎわなどに立地する。山ぎわには棚田が見られ、溜池なども数は多くないが分布する。

三峰川の氾濫原に広がった平坦地の水田（伊那市）

　圃場整備のすんだ乾田であるが、コオイムシやミズカマキリ、ガムシなどがたくさん見られる。湿った場所ではモートンイトトンボのヤゴも越冬していた。

天竜川近くの平坦地の水田（飯田市）

　周辺の開発が進み、取り残されたような水田。畦はコンクリートになっている。ホウネンエビやカブトエビが生息し、アマガエルのオタマジャクシが見られた。

昭和3年に完成した西天竜用水の水を使って開かれた扇状地面の水田（南箕輪村）

　ダルマガエルが多数生息する。他にもアマガエルやコガムシ、モートンイトトンボなどが見られた。

天竜川支流の大泉川沿いの水田（伊那市）

　土手の部分が石垣で組まれ、段丘崖の林に隣接する水田。ヤマアカガエルやシュレーゲルアオガエルなど繁殖期以外を林などで過ごすカエルが多く見られる。

溜池の水を使っている水田（喬木村）

　溜池から流れ出てきたメダカが水田で繁殖する。ゲンゴロウ類やガムシの幼虫なども見られる。溜池があるためトンボ類も豊富。

斜面に開かれた棚田（飯田市）

　斜面の下の方は湧水の影響で冬でも水がある。そのためタニシやドジョウなどが生息している。また傾斜が急なため水田と水田との間には広い土手ができ、そこにさまざまな在来の野草が生育している。

水田に付随した水環境
①平坦地の水田の水路。このように水路と水田との段差が少ないと、水生生物の行き来が容易になる
②ぬるみ。水の冷たいところでは、水温を上げるための温水池が作られる　③手畦と手溝。山側からしみ出す湧水を直接田へ入れないための畦を手畦、土手側の溝を手溝という。このようなちょっとした空間が生き物を豊かにする　④溜池。伊那谷には溜池は少ない。写真のように水草などが茂る溜池では、ゲンゴロウ類やトンボ類などたくさんの生き物が生息する

●●哺乳類●●

苗代のドロの上に残されたタヌキの足跡(S)

　哺乳類は大型で行動性があり、水田だけを頼りに生きている種はいない。ただし、コウベモグラやハタネズミなどにとっては生息地の一つであるし、アブラコウモリやイタチにとっては重要な採餌場となっている。また、伊那谷で増加しているイノシシやニホンジカは、場所によってイネを食い荒らす害獣にもなっている。

　哺乳類は姿を目にすることは少ないが、足跡などのフィールドサインを手がかりに、どんなものが水田に来ているかがわかる。ただし人家周辺ではネコやイヌのフンや足跡もあるので、野生動物と間違えないよう注意する必要がある。

<参考図書>
○「日本動物大百科1　哺乳類Ⅰ」・「同2　哺乳類Ⅱ」　平凡社
○「フィールドガイド足跡図鑑」　日経サイエンス社
○「新アニマルトラックハンドブック」　自由国民社
○「日本の哺乳類」　東海大学出版会
○「天竜川上流の主要な両生類・爬虫類・哺乳類（2001）」　国土交通省天竜川
　　上流工事事務所（非売品、図書館等で閲覧可）

食虫目　モグラ科
■コウベモグラ

ワナで捕獲されたコウベモグラ(O)

畦に帯状にできたモグラ塚(S)

　農地などに広く生息し、水田も生息地の一つである。姿を目にすることは稀。土を盛り上げたモグラ塚は畦によく見られ、通年観察される。
＜類似種＞　伊那谷にはアズマモグラも生息する。正確な種の同定には歯の観察が必要であるが、一般的にコウベモグラの方が大型。水田周辺ではコウベモグラが多く、伊那市での捕獲例では、平坦部の美篶地区と山ぎわの西箕輪地区で捕獲された個体は両方ともコウベモグラであった。
　モグラの仲間で他に、ヒミズ（モグラ科）とジネズミ（トガリネズミ科）も水田周辺に生息している。ヒミズは路上で死体を目撃することがあるが、両種とも野外で生きている個体を見かけることは稀。これら2種はモグラ塚を作らない。
＜トピックス＞　畦に穴を空け水田の水漏れを引き起こすため、害獣とされる。

翼手目　ヒナコウモリ科
■アブラコウモリ

　人家周辺に広く分布し、市街地でも普通に見られるコウモリ。水田上空を採餌場として利用。水田から発生するユスリカなど小昆虫を食べるため、水の入っている時期に多く見られる。夜行性で、たそがれ時に水田上空を飛び回る姿が観察されている。
＜トピックス＞　バットディテクターというコウモリの声を聞くことができる機械を使うと、餌を探したり、捕獲したりするときに出す超音波を聞くことができ、闇の中でのコウモリの活動を知ることができる。

アブラコウモリ(S)

げっ歯目　ネズミ科
■ネズミ類

雪の上の足跡と食痕(S)

畦の土中で見つかったネズミ類の巣(T)

　人家周辺や、農林地、河川敷などに複数の種が分布する。水田周辺ではハタネズミやアカネズミなどが見られ、採餌場や繁殖地として畦などを利用している。足跡や食痕などを見かけるが、姿を見ることは稀。アカネズミは森林的環境を、ハタネズミは草地や農地などの開放的環境を好む傾向がある。

＜トピックス＞　松川町の水田では、稲刈りの時にイネの葉をつづって巣を作り、繁殖していたカヤネズミが見つかったことが報告されている。カヤネズミは長野県レッドリストで絶滅危惧Ⅱ類にランクされている種で、天竜川の河川敷などに分布しオギの葉などで球形の巣を作るネズミとして知られている。

食肉目　イタチ科
■イタチ

　農地周辺や河川敷などに分布し、水の入っている時期に採餌場として水田周辺を利用する。姿を見ることは稀。泥の上に残された足跡やフンなどが観察される。
＜類似種＞　同じ仲間のテンも山沿いの水田で見られることがあるが、イタチより大型で体色も異なる。またテンのフンには果実の種などが混じることが多い。
＜トピックス＞　アイガモ除草を行っている農家では、イタチにアイガモが食べられることがあるという。

石の上のイタチのフン(S)

昼間水田に姿を見せたイタチ(Ki)

食肉目　イヌ科
■キツネ・タヌキ

夜間活動するキツネ(G)

ドロの上に残されたタヌキの足跡(S)

　両種共に、段丘崖や丘陵地、河川敷などに広く分布している。水田周辺を採餌に利用することがある。姿ではなく足跡を見かけることが多いが、夜間農道などで姿を見かけたり、車にひかれた轢死体を見ることがある。
＜類似種＞　ハクビシン（ジャコウネコ科）も伊那谷に広く分布しており、特に人家周辺に多く、畑などで農作物被害を出しているが、水田を積極的に利用していることはなさそうである。アナグマも山林に分布しているが、水田に現れることはほとんど無いと思われる。
＜トピックス＞　稲作の害獣になることはほとんど無いが、アイガモ除草を行っている農家では、キツネにアイガモを食べられるケースがある。
　タヌキはカエルを食べるため、ヤマアカガエルの産卵場所にたくさんのタヌキの足跡が残っていることがある。

偶蹄目　イノシシ科
■イノシシ

　山ぎわから山地にかけて広く分布し、水田周辺を採餌に利用する。山ぎわの水田やその周囲で掘り返した痕や、足跡などが見られる。姿を目にすることは稀。
＜類似種＞　姿は見間違うことはないが、足跡はシカやカモシカと似ている。本種では副蹄の跡（↓）が残るのが特徴。足跡周辺に掘り返し痕が見られることが多い。
＜トピックス＞　近年、農作物への被害が増加している。山間地の水田ではイノシシよけの電気柵を設置しているところが多い。イノシシに水田を荒らされると、稲穂を食い荒らされたり踏みつけられたりして、壊滅的な被害になる。

上：イノシシに荒らされた水田(S)

下：イノシシの足跡。シカに似ているが副蹄の跡（↓）が残る(R)

偶蹄目　シカ科
■ニホンジカ

農地に現れたニホンジカ(Y)

　中央アルプス山系では過去に絶滅したらしく、分布は天竜川東側の南アルプスから伊那山地に限られていた。しかし、最近、生息地での個体数の増加と共に、一部で天竜川を渡り再び中央アルプス側（天竜川西側）へも分布を広げ始めている。水田周辺を採餌場として利用し、天竜川東側では、山間地の水田で通年観察される。足跡やフンの他に、個体数の多い場所では夕方や夜間に山ぎわの農地周辺を車で走ると、姿を見かけることがある。
＜類似種＞　山ぎわの水田ではニホンカモシカが稀に見られる。姿は異なるが、足跡だけではニホンジカと区別することはむずかしい。
＜トピックス＞　イノシシ同様、近年農作物への被害が多発しており、水田での被害も増加しつつある。

泥についたニホンジカの足跡。群れで移動するためたくさんの足跡が一度に見られることが多い(S)

ニホンジカの食痕。個体数の増加でよく目にするようになった(S)

山間地の水田に張られたニホンジカやイノシシを防ぐためのネット柵(S)

「虫眼(むしめ)」の発見

　幼少期は毎日のように田んぼや用水路で生き物を捕って遊んでいた。元来それなりの生き物好きではあったのだろうが、自分が田んぼを耕すようになってから、「意識的に生き物を見る」ということはしていなかった。それでも農家の日常の中で、例えば夕方遅くに田の草取りをしていて、羽化のためにイネの茎を登ってくるヤゴを目撃するなど、それほど意識していなくても目に飛び込んでくる光景に感動をすることは度々あった。でも、その光景はその一場面で完結していた。ヤゴの種名は？　なぜ田んぼにいるのか？　他にどういう生き物が田んぼにいるのか？　などの疑問は湧いてこなかった。

　生き物調査を始めた時、私の田んぼは標高900mに位置し水温も低いし周囲の田んぼには農薬を撒いている、だからきっと生き物はそんなにいないだろう、と高をくくっていた。しかし、いざ自分の田んぼに初めて網を入れてみると、今まで全く見えていなかった生き物達が突然に姿を現し、私は驚愕(きょうがく)した。ミズカマキリ、タイコウチ、数種のゲンゴロウ、ガムシ、数種のヤゴ、オタマジャクシ等、幼少期に慣れ親しんだあの生き物たちが、自分が米を作っている田んぼに、こんなにもたくさんいたのだ。

　その瞬間から、頭の中の何かのスイッチが入った。今までそこにいた生き物たちを無視してきた自分が情けなくなった。同時に様々な疑問が一気に噴出した。田んぼと生き物の関係性が丁寧に記された「田んぼのめぐみ台帳※」は、私には丁度いい教科書になった。実際に台帳に書き込む調査のために、今までは捻出し得なかった農作業以外の、生き物を見るためだけの時間を田んぼで費やすようになった。

　田んぼの中の生き物を見始めて、2度目の春。田植え前の5月上旬、畦を歩き始めた時、蝶の乱舞が突然目の前に現れた。実際には見える範囲に20種程が飛んでいた程度で、種類もベニシジミ、ルリシジミ、スジグロシロチョウ、モンシロチョウ、ツマキチョウ、コミスジ、ウスバシロチョウなど、この時期にはごく普通に見られるものばかりだったのだが、私にとっては生まれて始めて、蝶の種類と数を視覚的に認識した瞬間だった。それまで6年間、この地域に住み、同じような蝶の乱舞が、毎春、繰り返されていたにもかかわらず、私の記憶には、モンシロチョウ、モンキチョウ、キアゲハ以外が飛んでいたことはなかったのだ。

　「虫眼」というものを意識し始めたのはその時からだ。「虫眼」を鍛え、発達させると、それまで見えなかった生き物が見えてくる。田んぼの生き物調査をしているうちに、いつのまにか私の「虫眼」は向上していた様なのだ。

　視覚の中に入っていても、脳できちんと認識できない物は見えてこないのだ。認識できるということは、種の分類が出来ること、つまりは名前を言えるかどうか、であろう。図鑑を手に入れ種の同定をし、夜な夜な眠い目を擦りながらの標本作りも始まった。

　世の中には、幽霊やＵＦＯをよく見る人と全く見ない人が存在する。これも一種の虫眼なのかもしれない。最近までの私同様、多くの人は目の前をヒラヒラ横切る、美しい蝶が見えていないのだから、本当にそうなのかもしれない。

　　　　　　　（伊那市西箕輪吹上　瀧沢郁雄）

※「ＮＰＯ法人　農と自然の研究所」が作った田んぼの生き物を農家自身が調べ評価するためのテキスト＋調査票。

交尾しているアキアカネ(T)

鳥　類

トラクターの後をついて回るアマサギ(O)

　いくつかの種類の鳥にとって、水田は採餌場として重要である。特に代かきの時やイネが小さい時には、サギ類やムクドリ、ハシボソガラスなどがよく利用する。またツバメは採餌場として利用するだけでなく、田んぼの泥を巣材にすることで、より水田と密着しているといえる。スズメは稲穂を食べる鳥として、昔から知られている。
　水田で見られる鳥は種類が限られており、名前を知ることはそんなにむずかしくはない。

＜参考図書＞
○「日本動物大百科３　鳥類Ⅰ」・「同４　鳥類Ⅱ」　平凡社
○「フィールドガイド　日本の野鳥」（財）日本野鳥の会
○「山渓カラー名鑑　日本の野鳥」　山と渓谷社
○「天竜川上流の主要な鳥類（1997年）」　建設省天竜川上流工事事務所（非売品、図書館などで閲覧可）

コウノトリ目　サギ科
■サギ類

カエルを捕まえたアマサギ。上伊那で多く見られる(K)

　サギ類は天竜川などでよく見られるが、水田も採餌場として利用している。水田では代かきの時期から初夏にかけてよく見られる。イネが成長してしまうと餌が取りにくくなるらしく、あまり見られなくなる。伊那谷の水田ではアオサギ、ダイサギ、チュウサギ、コサギ、アマサギ、ゴイサギなどが観察される。
　＜トピックス＞　チュウサギは環境省および長野県レッドリストで準絶滅危惧にランクされている。
　アマサギが、代かきをするトラクターのあとをついて回っている姿がしばしば観察される。トラクターが泥をかき回したあとに浮かんでくる、カエルや昆虫類などを捕食するためである。農作業を鳥がうまく利用している一例。サギ類にとって、水田は重要な採餌場の一つであるといえる。

代かきの時に現れたアマサギ(O)

トラクターの周りに集ったアマサギ(O)

アマサギの群れ(O)

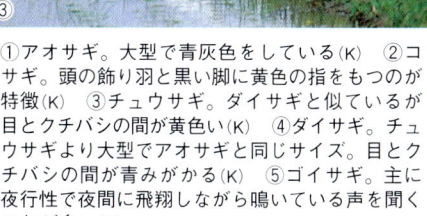

①アオサギ。大型で青灰色をしている(K)　②コサギ。頭の飾り羽と黒い脚に黄色の指をもつのが特徴(K)　③チュウサギ。ダイサギと似ているが目とクチバシの間が黄色い(K)　④ダイサギ。チュウサギより大型でアオサギと同じサイズ。目とクチバシの間が青みがかる(K)　⑤ゴイサギ。主に夜行性で夜間に飛翔しながら鳴いている声を聞くことが多い(K)

カモ目　カモ科
■カルガモ

田植え直後の水田に飛来したカルガモ。目の黒いラインが特徴(K)

　河川や溜池などに広く分布。水田を採餌場や休息地として利用していると思われる。田植えが終わった頃から初夏にかけて観察され、水を落としたりイネが育ってしまうと見られなくなる。水田で他の種類のカモが見られることは、ほとんど無い。
＜トピックス＞　アヒルとマガモの掛け合わせであるアイガモが、除草のために利用されている。

人に驚いて飛び立ったカルガモ(O)

タカ目　タカ科
■トビ

　広く分布し、水田上空でも飛翔中の個体などが通年観察されるが、水田を積極的に利用しているようではない。
＜類似種＞　林が近くにある場合、タカ科のオオタカやノスリが上空を飛んでいることがある。農地周辺にはハヤブサ科のチョウゲンボウも生息し、ホバリングする姿などがしばしば見られる。
　水田周辺を採餌場として利用するタカはサシバが有名であるが、伊那谷では渡りの季節を除いてほとんど見られない。

大型で尾羽が三角形であることが特徴。「ピーヒョロロ〜」と鳴く鳴き声もよく知られている(O)

キジ目　キジ科
■キジ

畦にたたずむオス(K)

　農地や河川敷などに生息。水田や周辺の農地を採餌場や繁殖地として利用している。春から初夏にかけて畦などで見られる。繁殖期のオスの出す「ケーン」という鳴き声もよく聞かれる。
＜類似種＞　伊那谷にはヤマドリも生息するが、林の鳥で主に山地に生息し、水田で見られることはほとんど無い。
＜トピックス＞　キジの仲間のコジュケイは林の鳥であるが、「チョットコイ、チョットコイ」という特徴的な大きな声で鳴くため、水田にいても声を聞くことが多い。

ペアで見られることも多い。奥がオス(O)

スズメ目　カラス科
■ハシボソガラス

　人家周辺や農地に広く分布し、水田を採餌に利用。通年観察されるが、春から初夏にかけてよく見られ、特に代かきや畦塗りをしているときに見かけることが多い。
＜類似種＞　伊那谷にはハシボソガラスとハシブトガラスの2種が普通に見られるが、水田で採餌している種は、ほとんどがハシボソガラスである。おでこの部分を横から見るとハシブトガラスでは突き出ていて、クチバシが太いことで区別できる。

代かきの時に餌を採りに来たハシボソガラス(O)

スズメ目　ツバメ科
■ツバメ

水田で巣材の泥を集めるツバメ。顔からノドにかけて赤いのが特徴(K)

　人家周辺に広く分布し、水田は採餌と巣材の採集場所として利用される。例年4月頃飛来し、子育てが終わる8月頃まで水田上空で飛翔してるのが見られる。ツバメは人家に巣を作るため、なじみ深い鳥である。
＜類似種＞　イワツバメも普通に見られる。コンクリートの橋脚などに集団で営巣し、水田の周囲に橋などがある場所でよく見られる。イワツバメは尾が短く、腰の白い部分が目立つ。
＜トピックス＞　ツバメは水田と深く結びついた鳥である。水田で巣材の泥を集め、米を作る農家の玄関先などに巣をかける。水田から発生したユスリカなどの昆虫は、ヒナを育てるための重要な餌となる。日本の初夏の風物詩ともいえるツバメの姿は、水田と共に歩んできた日本の農業史を表しているといえるだろう。

上：水田の上を飛んで、餌を探す　(K)

下：ツバメはもっとも人間に近い場所
　　で繁殖する野鳥である　(K)

スズメ目　ムクドリ科
■ムクドリ

代かき中の水田に現れて餌を探すムクドリ(O)

人家周辺に広く生息し、水田を採餌に利用する。一年中観察されるが、水田では代かきの時期によく見られる。

<トピックス>　トラクターなどで代をかいていると必ず飛来し、逃げ出すケラやクモなどの虫を盛んについばんでいる。代かきが餌をもたらす作業であることを知っているようだ。ムクドリも、アマサギと同じように農作業をうまく利用している鳥だといえる。

鳴き声の特徴からムクドリを「ギャーギャー」と呼ぶ人もいる。

トラクターの後をついて回るようにして餌を探す(O)

スズメ目　ヒバリ科
■ヒバリ

農地周辺に広く分布し、水田周辺の畑地などを繁殖に利用する。オスが繁殖期に空でホバリングしながら「ピリッピリッピリッピリッ…」と連続してさえずる姿が見られる。畑地を好むが、休耕田や転作田の増加の結果、水田周辺でもよく見られるようになった。

頭の飾りバネが特徴的なヒバリ(K)

スズメ目　ハタオリドリ科
■スズメ

もっとも身近な鳥の一つであるスズメ。ほほの黒い斑紋が特徴的(K)

　人家周辺に数多く生息し、水田を採餌に利用する。通年観察されるが、秋の実りの時期には集団で稲穂をついばみに来た群れが見られる。
＜類似種＞　ニュウナイスズメは北信地方に多く、生息は積雪の多い山間地に限られる。冬に稀に見られることがあるが、スズメにはほほに黒い斑紋があり、ニュウナイスズメにはそれがないので、姿での見分けは容易。
＜トピックス＞　稲穂を食べ被害を出す。たくさんの個体が集中すると大きな被害になることもある。そのため、案山子や爆音器を設置したり、水田の上やはざにキラキラ光るスズメ脅しをつけたりする。人家の屋根の隙間などで繁殖し、ツバメと並ぶ代表的な農村の鳥といえる。

ハト目　ハト科
■キジバト

　人家や農地周辺に広く分布し、畦などを採餌に利用。通年観察される。
＜類似種＞　ドバトは都市の公園などにいる種で色彩は白っぽいものから茶色、黒まで変異が大きい。群れをなすことが多く、市街地に近い水田で見られることがある。
＜トピックス＞　畦マメなどを植えると、植えたマメを食べられることがある。

農地で餌を探すキジバト(K)

スズメ目　セキレイ科
■セキレイ類

伊那谷での呼び名：せきりん　等

セグロセキレイ。目の上に白いラインが入る(K)

　人家周辺や河川敷などに広く分布する。水田を採餌場として利用し、畦などで採餌する様子が見られる。水田周辺では3種類のセキレイの仲間が見られる。セグロセキレイは頭部のほとんどが黒色で、目の上に白い筋が入っているのが特徴。ハクセキレイは顔が白く目の部分に黒い筋が入る。キセキレイは胸元が黄色く、水路や川沿いに多い。
＜トピックス＞　ハクセキレイは以前は伊那谷に分布していなかったが、生息地の拡大によって今では普通に見られる鳥となっている。

ハクセキレイのメス。白い顔で目の部分に黒いラインが入る。背中が灰色がかった個体はメスで黒い個体はオス(K)

あどけなさが残るハクセキレイの幼鳥(K)

キセキレイのオス。胸から尻にかけて黄色い。のど元が黒いのがオスの特徴(K)

水田周辺で見られた鳥類
①水を張った水田に飛来したカワウ。水田に現れるのは極めて稀(O)　②水田で営巣したバン(K)　③カワラヒワ。水田周囲でよく見かける(K)　④タシギ。伊那谷では冬に見られる(K)　⑤タゲリ。冬の水田で採餌する姿が見られる(K)

●● 爬虫類 ●●

水田の中を泳ぐヤマカガシ(T)

　爬虫類の中でも、シマヘビとヤマカガシの2種は昼行性で、カエルなどを餌とするため水田で姿をよく見かける。これらの種にとって水田は重要な採餌場となっている。稲作にとって害になる種はいないが、その姿形から嫌われることも多い。マムシやヤマカガシのように毒を持っている種類も水田で見られるが、マムシは生息する場所が限られており、ヤマカガシは自分から人間にかみついて毒牙を立てるようなことはない。ジムグリなどネズミやモグラを食べる種は、稲作にとって益をもたらしていると言える。

＜参考図書＞
○ 「日本動物大百科5　両生類・爬虫類・軟骨魚類」　平凡社
○ 「自然観察シリーズ22　日本の両生類・爬虫類」　小学館
○ 「天竜川上流の主要な両生類・爬虫類・哺乳類（2001）」　国土交通省天竜川上流工事事務所（非売品、図書館などで閲覧可）

有鱗目　ナミヘビ科
■シマヘビ

伊那谷での呼び名：からすへび（黒色の個体）等

名の由来であるスタンダードな黒い縦縞がある個体は、種の見分けは容易(K)

　農地周辺や里山に広く生息し、水田でもっともよく見られるヘビ。昼行性で越冬時期を除いて春から秋まで見られるが、カエルが集まる代かきの頃から初夏にかけての時期に見かける頻度が高い。水の中に入っている個体もよく見られる。
＜トピックス＞　体色の変異が著しく、黒化個体は「からすへび」と称され、シマヘビとは別の種類と認識されていることがある（「からすへび」にはヤマカガシなどの黒化個体も含まれていると思われる）。「からすへび」は気性が荒いヘビとしてシマヘビより恐れられていることが多い。

シマヘビの幼蛇は模様が異なる(S)

　草刈機で畦の除草作業中に出会うことも多く、誤って傷つけてしまうことがある。味がよいヘビとして食用にされる話も聞く。

体色はかなり変化に富んでいて、真っ白な個体から真っ黒な個体まで見られる。体色の違いにかかわらず、目が赤いのが特徴。（体色の変異、左：マダラ、中：白、右：黒）(S)

有鱗目　ナミヘビ科
■ヤマカガシ

伊那谷での呼び名：やまっかじ　等

首の黄色い帯と赤みがかった体色が特徴的。幼蛇ほど斑紋がはっきりしている(K)

　水田ではシマヘビと並んでよく見られるヘビ。昼行性でカエルの集まる代かき頃から初夏にかけて目につく頻度が高い。稀に黒化型が見られ、また年を経ると斑紋は目立たなくなる。
　＜トピックス＞　かつては無毒のヘビとして認識されていたが、最近では毒蛇として知られるようになった。攻撃的ではなく、毒牙も奥にあって咬傷事故はほとんど無いが、触るなどのとり扱いは十分注意する必要がある。毒牙による毒とは別に、頸腺が破裂して飛び出す毒液が眼などに入ると角膜炎を起こすことがある。

首を平らにして威嚇する(S)

有鱗目　ナミヘビ科
■ヒバカリ

　あまり目につかない小型のヘビ。水辺を好み、カエルやオタマジャクシなどを食べる。頭の後ろの白斑（↓）が特徴。
　＜トピックス＞　長野県レッドリストには、情報不足種として掲載されている。

水から出てきたヒバカリ(S)

29

有鱗目　ナミヘビ科
■アオダイショウ

伊那谷での呼び名：あおな・あおだ　等

青みがかった体色と、黄色みがかった目が特徴。大型のヘビで2ｍ近くまで成長する(K)

アオダイショウの幼蛇(K)

　市街地から山地まで広く分布する。水田ではあまり見かけず、人家の周辺で見られることが多い。木に登っている個体を見ることもある。春から秋にかけて観察される。
＜類似種＞　幼蛇は体色や模様が成体と異なり、マムシと間違えられる。模様や頭部の形などをよく観察する必要がある。
＜トピックス＞　ネズミを食べることから、家の守り神として大事にされる反面、人家周辺に生息していて人との接触が多く、ニワトリの卵や飼育している小鳥を食べたりするために、嫌われることも多い。

有鱗目　ナミヘビ科
■ジムグリ

伊那谷での呼び名：ひやっかじ
（ジムグリのことと思われる）等

　広く分布するが、あまり目につくことはない。見かけてもすぐに地中の穴などに潜ってしまうため、観察する機会は少ない。幼蛇と成体では体の模様が異なり、別種のように見える。

ジムグリの幼蛇。成体になると黒い斑紋が消え赤褐色になる(K)

有鱗目　クサリヘビ科
■マムシ

　平野部や市街地周辺ではほとんど見られず、自然環境の良く保たれた里山や山地に分布する。手入れされた水田で見かけることはほとんど無い。春から秋まで観察される。
＜トピックス＞　毒蛇として有名であるが、マムシ酒の原料などとして売れるため、好んで捕まえる人も多い。また食用にされる場合もある。

ヒョウ柄模様の太短い胴体と三角形の頭部を持つ(K)

有鱗目　カナヘビ科
■カナヘビ

長い尾と、茶色で光沢のない体色が特徴(S)

　農地や里山に広く分布する。水田の畦を採餌場や繁殖場に利用している。春から秋にかけてよく見られ、個体数も多い。
＜類似種＞　ニホントカゲも伊那谷には分布するが、水田周辺で見かけることは少ない。ニホントカゲは、カナヘビより太短く体にツヤがある。幼体は尾が青く目立つので、カナヘビとは容易に見分けられる。

イネの株の中から顔を出したカナヘビ(S)

カメ目　バタグールガメ科
■イシガメ

田んぼ横の水路で見かけたイシガメ(K)

　山ぎわの水田や溜池に生息するが、生息地は局所的で個体数も少なく、水田で見られることは稀である。水田の構造改善などで、生息できる環境が減少している。
<類似種>　クサガメも時々発見されるが、自然分布であるか飼育個体が逃げ出したものかは不明。クサガメは顔に模様(↑)がある。

クサガメ(Ki)

赤トンボ

　「赤とんぼ」という名前のトンボはいない。秋空に田んぼ周辺で見かける赤っぽいトンボの総称である。私がこのことを知ったのは、情けないことに３年前のことである。
　稲刈りを手伝ってくれている息子は、淡々と機械を動かしている。私と娘たちは、「赤とんぼ」を捕まえては図鑑を見ながら名前を確認する。この日、捕まえた「赤とんぼ」は４種類。アキアカネ、ナツアカネ、ノシメトンボ、コノシメトンボ。アキアカネとナツアカネの違いは、胸の模様が１mmほど違うだけ。しかしこの違いは、たとえばニホンザルとチンパンジーとの違いになるというのである。別にどうでもよいのかもしれないが、習性も違えば産卵の仕方も違う。しっかりと区別してあげねばと思うのです。

(南箕輪村南原　河崎宏和)

●●両生類●●

まだ尾が残るアマガエル(H)

アマガエルやシュレーゲルアオガエル、ヤマアカガエルにとっては、水田は重要な繁殖地である。またトノサマガエルやダルマガエルは生活のほとんどを水田に依存している。オタマジャクシには食物連鎖のピラミッドの底辺を支える役割があり、水田生態系にとって重要な位置を占めている。

害虫を含め昆虫類を捕食するため、稲作にとって益をもたらすと考えられる。

＜参考図書＞
○「日本動物大百科5　両生類・爬虫類・軟骨魚類」　平凡社
○「自然観察シリーズ22　日本の両生類・爬虫類」　小学館
○「山渓ハンディ図鑑9　日本のカエル＋サンショウウオ類」　山と渓谷社
○「日本カエル図鑑」　文一総合出版
○「天竜川上流の主要な両生類・爬虫類・哺乳類（2001）」　国土交通省天竜川上流工事事務所（非売品、図書館などで閲覧可）

無尾目　アマガエル科
■アマガエル

伊那谷での呼び名：しょんべんがえる　等

水の入った水田で盛んに鳴く。体色は黄緑色から灰色まで周辺環境の色に合わせて変化する(K)

　里山から市街地まで広く生息する。水田を繁殖に利用し、もっとも普通に見られるカエル。市街地の中に取り残されたような水田でも繁殖する。成体は入水の時期から刈り取りの時期まで観察される。6月から7月頃になると水田で育った幼ガエルが、周囲の草や木の葉の上でたくさん見られるようになる。
＜類似種＞　シュレーゲルアオガエルの小型個体と似るが、目の後ろに黒い斑紋（↓）があることで区別できる。
＜トピックス＞　カエルは普通繁殖期以外は鳴かないが、アマガエルだけは越冬時期を除いて通年鳴き声を聞くことができる。飯田周辺では3月から11月頃まで鳴き声が聞かれ、雨の降る前などに鳴くことは有名である。水田では入水の頃から盛んに鳴き出し、7月頃まで声が聞かれる。

水面に浮かぶ(S)

枝の上に静止して茶色に変化した個体(S)

早苗の葉の上に静止する(K)

①抱接(K) ②水中のイネの葉に産みつけられた卵(S) ③水田で発生したオタマジャクシ(O) ④脚の生えたオタマジャクシ(S) ⑤水から上がってまもない幼ガエル(S) ⑥6月から7月にかけて水田の周囲の草の上でたくさんの幼ガエルが見られる(S) ⑦黄色の色素が欠けた水色の個体もまれに見られる(S)

無尾目　アカガエル科
■ヤマアカガエル

伊那谷での呼び名：あかがえる　等

水面にうかぶヤマアカガエル。体色は赤褐色〜黄褐色(K)

　里山に広く生息し、水田を繁殖地として利用。繁殖期以外は林内で生活するため、周囲に林のない水田では見られない。2月下旬から産卵が始まり、遅いところでは4月下旬頃まで産卵している。下伊那地域と上伊那地域では産卵のピークが異なり、下伊那では2月下旬から3月中旬に湿田や浅い溜池で産卵するが、上伊那では4月上中旬頃がピークとなり、水の入った水田への産卵が見られる。
　卵からかえったオタマジャクシは、2ヶ月ほどで幼ガエルに変態して水田から離れ、林で生活するようになる。
　産卵の時だけ鳴き、その期間はきわめて短い。暖かい雨の降った夜やその翌日が産卵のピークとなるようで、そのような日に当たるとたくさんのヤマアカガエルが鳴き交わし産卵する様子を見ることができる。
＜類似種＞　似た種にニホンアカガエルやタゴガエル、ナガレタゴガエルなどがある。水田で繁殖している種はヤマアカガエルとニホンアカガエルであるが、伊那谷にはヤマアカガエルだけが分布している。ヤマアカガエルとニホンアカガエルの違いは、目の後ろから背中を通って尻へ伸びる背側線が、目の後ろで直線（ニホンアカ）、曲がっている（ヤマアカ）かで、区別できる。
＜トピックス＞　全国的に見るとニホンアカガエルは低地に生息し、ヤマアカガエルは山地に分布するようである。混生している場所もあるらしいが、今のところ伊那谷で確認したのは、すべてヤマアカガエルであった。
　味がよいカエルとして食用にされた。

産卵に集まってきたヤマアカガエル。繁殖の時のほんの数日だけキャラキャラと美しい声で鳴く(K)

①代かき後の水田に産まれた卵(H) ②フ化したオタマジャクシ(S) ③オタマジャクシ(K) ④幼ガエルは水田を離れ周辺の林の中で生活するようになる(S)

■ニホンアカガエル 伊那谷には分布していない。目の後ろから尻にかけて伸びるラインの目の後ろの部分(↓)が、本種では直線である(K)。

37

無尾目　アカガエル科
■トノサマガエル

伊那谷での呼び名：どんびき　等

トノサマガエルの幼体。背中の中央を走る緑色のラインがトノサマガエルの特徴(K)

　水田の代表的なカエルで、広く分布する。生活のほとんどを水田やその周辺で過ごし、繁殖も行う。水田では5月の田植えの頃から秋まで見られ、田んぼで発生した幼ガエルは7月頃多く見られる。畦の草むらに潜んでいることが多く、畦を歩くと驚いて水田に飛び込む。鳴き声は5月から6月にかけて聞くことができる。
＜類似種＞　ダルマガエルやトウキョウダルマガエルと大変よく似ており、一般にはあまり区別されていない。伊那谷にはトノサマガエルとダルマガエルが分布するが、トノサマガエルには背中の中央を走る緑色のラインがあり、手足が長いなどの特徴がある。ダルマガエルとトノサマガエルの混生地では雑種も見られるという。
＜トピックス＞　アマガエルのように手足に吸盤を持たないため、コンクリートの深い溝などは登れない。そのため、排水用の深い水路などの設置によって生息地の分断などが起き、生息できる水田が減少していると思われる。

トノサマガエルのメス。オスとは体色が異なる(K)

背中のラインはオタマジャクシの頃から現れる(S)

無尾目　アカガエル科
■ダルマガエル

水田の水の中で抱接するペア（上がオス）(H)

　伊那谷での分布は極めて局所的で、辰野町から伊那市にかけて（主として西天竜用水沿い）と、駒ヶ根市、高森町などに孤立した産地が知られるのみ。場所によってはトノサマガエルと混生する。5月頃から秋の刈り取りの頃まで見られ、幼ガエルは7月頃多く見られる。場所によっては個体数は多い。トノサマガエルと同様、日中は畦に潜んでいることが多く、畦を歩くと、驚いて水田に飛び込む個体をよく見かける。

＜類似種＞　トノサマガエルより手足が短く、鼻先も短いためずんぐりして見える。背中の中央を通るラインは基本的に無く、背中の黒い斑紋は丸く独立している（↓）。稀に背中に緑色のラインをもつものもある。ダルマガエルはトウキョウダルマガエルの亜種とされている。トウキョウダルマガエルは松本市などの中北信に普通に生息し、トノサマガエルとダルマガエルの中間的な形態をしている。トウキョウダルマガエルは今のところ伊那谷での生息は確認されていない。

＜トピックス＞　環境省レッドリストで絶滅危惧Ⅱ類に、長野県レッドリストでは絶滅危惧ⅠA類にランクされており、全国的に著しく数を減じているカエルである。伊那谷でも水田の開発、休耕田の増加、圃場整備などによって生息が脅かされている。駒ヶ根市や高森町などの孤立産地では、生息は極めて狭い範囲に限られるため、小規模な開発などでも絶滅してしまう心配がある。

背中にラインが無く、黒い斑紋が丸く独立している（↓）のが典型的なダルマガエル(T)

■トウキョウダルマガエル　伊那谷には分布しないが、中北信では水田で普通に見られる (K)

無尾目　アオガエル科
■シュレーゲルアオガエル

体色は基本的に黄緑であるが、繁殖期のオスは茶褐色になるものもいる(K)

　伊那谷ではアマガエルやトノサマガエルと並ぶ代表的な田んぼのカエル。水田を繁殖に利用する。生息は山沿いや段丘崖沿いの水田で密で、平坦地では見られないか、いても個体数は少ない。代かきの頃水田に現れ、畦の土中に泡状の卵を産みつける。桜の咲き終る頃から鳴き始め6月頃まで声が聞かれる。夕方から夜に盛んに鳴くが、日中でも鳴き声が聞かれる。繁殖期以外は水田の周辺の林などで生活している。発生した幼ガエルも水田を離れるため、7月頃には水田から姿を消す。

<類似種>　小型の個体はアマガエルと間違えられることがあるが、本種にはアマガエルのように目の後ろに黒い斑紋がない。伊那谷南部にはモリアオガエルも生息し、斑紋の少ない個体は本種と似ているが、本種の目は黄色、モリアオガエルでは赤味をおびる。

<トピックス>　伊那谷のカエルの中では、ダントツの美声の持ち主で、カッコウやホトトギスと共に伊那谷に初夏を告げる声でもある。しかし、あまり認識されていないのが残念である。

畦ぎわのドロから顔を出した個体(K) 　　　非繁殖期は林縁の葉上などで見ることが多い(S)

①畦に穴の中にひそむシュレーゲルアオガエル(↓)(T)　②畦の土中に産まれた泡状の卵(K)　③オタマジャクシのフ化(T)

無尾目　アオガエル科
■モリアオガエル

　伊那谷での生息は高森町と喬木村を結ぶ線より南に偏っている。林内の池などで繁殖するが、林に面した水田にも産卵する場合がある。そのような場所では、張り出した木々の枝や畦草などに産みつけられた、泡状の卵を見ることがある。伊那谷での産卵時期は5月から6月頃。産卵期以外の時期は林内で過ごす。
　＜トピックス＞　長野県レッドリストでは準絶滅危惧にランクされている。

池に張り出した木の枝に産卵するモリアオガエル(Ho)

無尾目　アカガエル科
■ツチガエル

伊那谷での呼び名：いぼがえる　等

「いぼがえる」と言われるように、背中のイボ状の凹凸が目立つ。腹部の色は灰褐色(K)

　伊那谷では水田や溜池に広く分布するが、生息する場所はわりと限られている。水田では6月から7月にかけて夜間に鳴く姿が見られる。水田で繁殖を行っているかどうかは未確認である。

<類似種>　ヌマガエルは本種に酷似している。伊那谷からも数例の記録が報告されている。ヌマガエルは腹部の色が白色で、ツチガエルでは灰褐色であるため、腹部の色で区別できる。

<トピックス>　冬にオタマジャクシが採れて驚いたという話をたまに聞くが、伊那谷ではオタマジャクシで冬を越す種類は、本種とウシガエルの2種のみである。ウシガエルは天竜川の河川敷内の池などに稀に見られるだけで、多くは本種のオタマジャクシであると考えられる。長野県レッドリストで絶滅危惧Ⅱ類にランクされている。

夜間に「グググ」と低い声で鳴く(K)

■ヌマガエル　伊那谷からは、文献記録があるのみ。本種は腹部の色が白い(K)

※中央アルプス太田切川流域総合学術調査報告書,1979

無尾目　ヒキガエル科
■アズマヒキガエル
伊那谷での呼び名：ひきた・いぼひきた　等

里山から山地まで広く分布。水田で見かけることは少ないが、林に隣接したような場所では産卵することがある。特徴的なひも状の卵を産む。
＜トピックス＞　林道の水たまりや林内の浅い池などで集団で産卵する。神社の手水鉢などでも産卵する例が知られている。

抱接するペア。ひも状のものは卵(S)

有尾目　イモリ科
■イモリ

全体に黒色で腹部に赤と黒のマダラ模様があるのが特徴。繁殖期の雄は尾が紫色がかる婚姻色を呈する(S)

田んぼで見られた幼生(K)

伊那谷全域に分布しているが、どこでも見られるものではなく、生息地は比較的限られている。水田では入水の頃から落水まで見られるが、早苗のころが見つけやすい。高温が苦手なのか、気温の上がる日中は水温の低い水の取り入れ口周辺に集まっているのを見かける。水田で繁殖もしており、エラの生えた幼生が見つかる。
＜トピックス＞　イモリの腹部の赤色は個体によって異なり、ほとんど赤みのないものから、真っ赤なものまで変異の幅は大きく、個体識別に利用できる。

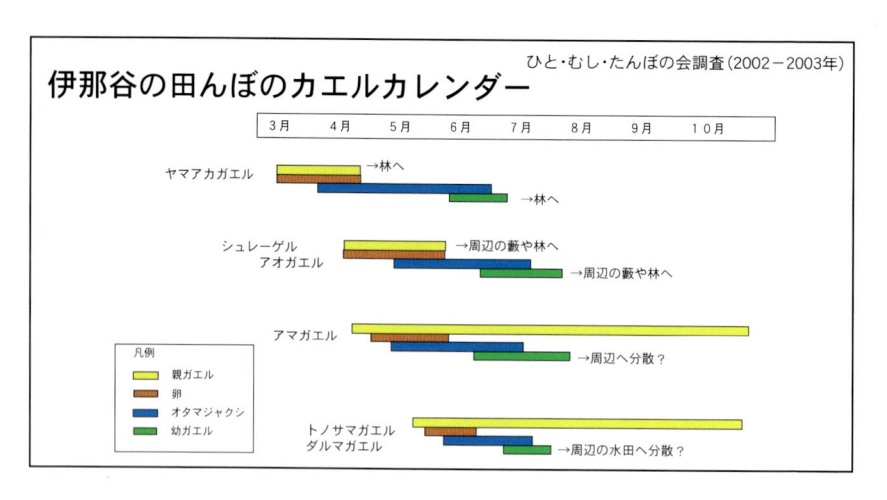

伊那谷の田んぼのカエルカレンダー

ひと・むし・たんぼの会調査（2002－2003年）

| | 3月 | 4月 | 5月 | 6月 | 7月 | 8月 | 9月 | 10月 |

ヤマアカガエル →林へ
　　　　　　　→林へ

シュレーゲル
アオガエル　　→周辺の藪や林へ
　　　　　　　→周辺の藪や林へ

凡例
　親ガエル
　卵
　オタマジャクシ
　幼ガエル

アマガエル
　　　　　　　→周辺へ分散？

トノサマガエル
ダルマガエル
　　　　　　　→周辺の水田へ分散？

　カエルは種類によって水田で見られる時期が異なる。ヤマアカガエルやシュレーゲルアオガエルは繁殖期のみ水田で見られ、オタマジャクシは水田で育つが、夏ごろに幼ガエルになったあとは、水田を離れ周囲の林などへ移動して暮らすようになる。アマガエルやトノサマガエルは越冬時期を除いて水田で見ることができる。

モートンイトトンボとダルマガエル

　6月11日、「モートンイトトンボ」が羽化した。このトンボ、私が最も気に入っているトンボです。3㎝程のイトトンボで、なかなか気づかない。人間の「目」は不思議なもので視界に入っているのに見えないことが多い。このトンボを見つけるには、「絶対いるはずだ」という思いがなくては見ることができない。

　収量のことばかり気にしている人には、稲は見えるが害虫以外の虫は見えない。雑草のことばかりが気にかかる人にも、このトンボは目に入らない。この「モートンイトトンボ」を見るには、それなりの感性が重要となる。

　彼らは小さいがゆえに存在を示そうとしているのか、オスはオレンジの腹にグリーンの胸、メスは全体がグリーン。しかも蛍光色、図鑑の解説には「熱帯魚のような色をしている」とある。このトンボは小さいので、害虫を食べる量もしれているだろう。米作りにとっては、害虫でも益虫でもない「ただの虫」といえる。ただ、この美しい「モートンイトトンボ」は、私が米を作っているからこそ存在できるのである。なんだかとてもうれしく、豊かになってくるのです。

　次はカエルです。私の田んぼには「アマガエル」と「ダルマガエル」がいます。なんとこの「ダルマガエル」は絶滅危惧種です。近い将来絶滅する可能性があるといわれているのです。後輩の学芸員が私の田んぼに来て「ダルマガエル」の多さに驚きました。周辺の水田も調べてみたのですが、断然多いのです。

　6月21日の調査では私の田んぼでは41匹、隣の田んぼ2匹、向かいの田んぼ7匹。このカエルが卵を産み、夏には1000匹を超えることになる。どう考えても「ダルマガエル」にとっては、私の田んぼが住みやすいようです。

（南箕輪村南原　河崎宏和）

●●魚 類●●

溜池で群れ泳ぐメダカ(S)

　魚類の多くは、通年水のない水田で生活史を完結することはできない。しかし水のある間は餌が豊富で外敵が少なく、幼魚や小魚にとっては魅力的な場所であるともいえる。メダカやドジョウは、水田をうまく利用している魚である。またナマズなどの大型の魚も繁殖に水田を利用する。
　魚類の生息には、水路などを伝って移動できる構造が不可欠である。水田の構造改善が進んだことにより魚類の移動が不可能になり、メダカなどかつては普通に見られた種が、絶滅の危機に瀕するようになってしまっている。

＜参考図書＞
○「日本動物大百科6　魚類」　平凡社
○「山渓カラー名鑑　日本の淡水魚」　山と渓谷社
○「長野県魚貝類図鑑」　信濃毎日新聞社
○「天竜川上流の主要な魚（1999）」　建設省天竜川上流工事事務所（非売品、図書館などで閲覧可）

ダツ目　メダカ科
■メダカ

伊那谷での呼び名：うきす・うけす・めんぱ 等

頭が大きく口が上を向いた、特徴的な形をしている(S)

　伊那谷での分布は現在では極めて局所的で、生息地のほとんどは下伊那地方にある。多くは溜池と水田がセットになった環境で生き残っている。溜池では通年見られ、その水を引く水田でも流れ込んできた個体が観察される。繁殖している水田では、初夏に幼魚も見られる。メダカは、学名(属名)にイネを表す*Oryzias*がつけられており、水田とのつながりの強さを示している。
＜類似種＞　用水路や河川の岸辺に見られるウグイ(アカウオ)やオイカワなどの幼魚を、メダカと間違える場合がある。
＜トピックス＞　環境省レッドリストで絶滅危惧Ⅱ類に、長野県レッドリストで絶滅危惧ⅠB類にランクされている。乾田化や水路などの構造改善で本種が生息できなくなった場所が多い。生息地にブラックバスなどが放されて、絶滅した溜池もある。また、近年ではヒメダカを含む飼育個体が安易に野外に放されるケースもあり、遺伝子レベルでの攪乱が進んでいることも指摘されている。伊那谷でもメダカ池として保護されている場所にヒメダカが混じっていたりすることがある。

水田の中で育った幼魚(S)

　喬木村では、メダカをお祭り料理の材料として利用している地域があり、秋に溜池の手入れのために水を抜く際、タニシやタモロコなどと共にメダカを捕獲して食卓に供している。メダカとタモロコは分けられ、別々に煮付けられる。メダカは極めて苦い味がする。

コイ目　ドジョウ科
■ドジョウ

口ひげが特徴的なドジョウ(S)

　水路や溜池、水田などに広く分布している。水田での生息は湿田や水のない時期に河川などへ移動できる場所に限られている。山ぎわや段丘崖周辺、天竜川沿いの水田や水路に生息地が多い。冬季を除いて通年観察でき、水田で繁殖もしている。
＜類似種＞　天竜川などには流水性のシマドジョウが生息しているが、白っぽい体色に黒い筋が目立つため、ドジョウとの見分けは容易。シマドジョウは、水田内にはほとんど入ってこないものと思われる。
＜トピックス＞　水田の構造改善により冬季に水がなくなる水田や水路が増え、生息域は減少していると思われる。古い水路でコンクリート三面張りであっても、通年水があり底に泥がたまるようになると生息できる。伊那谷でもかつては食用にされた。

ナマズ目　ナマズ科
■ナマズ

　天竜川に生息し、産卵のために水路や水田へ入り込んでくる。天竜川から取水している場所では5月から6月頃、主に夜間に水路などで見ることができる。
＜類似種＞　幼魚は、オタマジャクシと間違えられることがあるが、口ひげの有無で容易に区別できる。

ナマズ(Sa)

コイ目　コイ科
■タモロコ

タモロコ。口元に短いひげ（↑）があるのが特徴(Sa)

　伊那谷では河川や溜池などに分布している。食用にされるため人為的に放流されることもあるらしく、溜池などでの生息は人為的分布だと思われる。溜池では通年見られる。水田内ではほとんど見られない。
＜トピックス＞　喬木村では、溜池の管理のため水を抜いた際、タモロコを集めて煮付けで食べる。味が良く好まれる。

コイ目　コイ科
■コイ・ギンブナ

　天竜川などに分布する。水田へは、幼魚が水路を通って、入りこむ場合がある。また、休耕田で養殖されていたり、溜池などに放されていることも多い。

コイ(Sa)

ギンブナ(Sa)

●●トンボ類●●

棒の先に止まるノシメトンボ(T)

　水田で見られる生き物のうち、もっとも目につくものの一つがトンボ類である。特に赤トンボと呼ばれるトンボ類の中で、個体数の多いアキアカネやナツアカネ、ノシメトンボなどは、水田が主要な発生地となっている。これらの種は卵が冬の乾燥に耐えることができ、水田の環境によく適応している。また成虫で越冬する、オツネントンボとホソミオツネントンボも、水田に水のある時期に合わせて繁殖を終える。これらの種は真性の「田んぼのトンボ」である。幼虫で越冬するものの中にもモートンイトトンボのように比較的乾燥に強い種もあり、湿った場所さえあれば生活できる種もいる。溜池のように通年水のある環境が近くにある場所では、種類数はずいぶん増える。

＜参考図書＞
○「日本動物大百科8　昆虫Ⅰ」　平凡社
○「新やさしいトンボ図鑑」　自然通信社
○「日本産トンボ幼虫・成虫検索図説」　東海大学出版会
○「トンボのすべて」　トンボ出版
○「ヤマケイポケットガイド18　水辺の昆虫」　山と渓谷社

トンボ目　トンボ科
■アキアカネ
伊那谷での呼び名：よめさまとんぼ（赤トンボの総称）等

はざ杭に止まるアキアカネ。竿の先のような突き出た先端によく止まる(H)

　伊那谷の水田で、もっとも普通に見られる赤トンボ。6月下旬から7月中旬にかけて羽化し、その後いったん水田からは姿を消す。9月頃にまた姿を現し、稲刈り後の水田の水たまりなどに盛んに産卵しているのを見ることができる。比較的標高の高い山ぎわの水田付近では、夏季に成虫が見られることもある。産卵を終えたトンボは、11月頃まで見られ、降霜の頃姿を消す。

＜類似種＞　赤トンボ類は、伊那谷では6～7種が普通に見られる。その中でも胸の紋様がアキアカネとナツアカネは似ており、同定には注意が必要である（→検索表）。

　本種と極めて近縁のタイリクアキアカネという種が、飯田市で記録されている。※タイリクアキアカネは中国や朝鮮半島などユーラシア大陸に分布する種で、日本では日本海側で採集例が多い。伊那谷のアキアカネの中にも本種が混ざっている可能性もある。

＜トピックス＞　アキアカネは秋にのみ見られるトンボのイメージがあるが、羽化は初夏に行われる。この時期、朝早く水田を見まわると、たくさんの羽化したての赤トンボたち

水田で一斉に羽化したアキアカネ(K)

に出会うことができる。

　夏に中央アルプスや南アルプスの高原地帯に登ると、トンボの群れに出会うことがあるが、これはほとんどがアキアカネである。伊那谷や他の地域の水田で羽化した個体が山の上に登ってきているのだが、そのメカニズムや移動経路などは謎が多い。

※信州昆虫学会編，1977，長野県のトンボ

①水田で育つアキアカネのヤゴ(K)　②羽化は早朝に行われる(T)　③羽化したての未成熟の個体は黄色い(K)　④アキアカネの交尾(T)　⑤刈り取り後の水田に産卵する(H)　⑥アキアカネの死。死んだ個体はゲンゴロウなどの餌となる(S)

トンボ目　トンボ科
■ナツアカネ

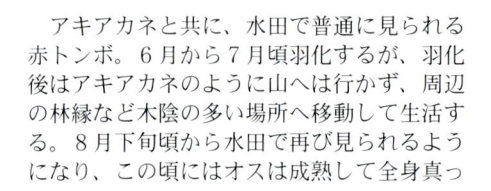

成熟したナツアカネのオス(S) 　　　ナツアカネのメス(K)

　アキアカネと共に、水田で普通に見られる赤トンボ。6月から7月頃羽化するが、羽化後はアキアカネのように山へは行かず、周辺の林縁など木陰の多い場所へ移動して生活する。8月下旬頃から水田で再び見られるようになり、この頃にはオスは成熟して全身真っ赤になる。9月頃、稲刈り前の水田で空中から卵を産み落としている姿が見られる。
　＜類似種＞　体の斑紋はアキアカネと似ており、未成熟個体やメスでは見分けが困難な場合がある（→検索表）。

トンボ目　トンボ科
■ノシメトンボ

草の先端に止まるノシメトンボのメス(S) 　　イネの上空から産卵するペア(H)

　伊那谷の水田の代表的な赤トンボの一種。6月から7月にかけて羽化し、周辺の雑木林など木陰の多い場所へ移動する。9月頃から再び水田でよく見られ、はざ杭などによく止まる。
　＜類似種＞　コノシメトンボなど翅の先端が黒い種類が複数種いるが、胸の模様の違いなどで区別できる（→検索表）。

トンボ目　トンボ科
■コノシメトンボ

オスは成熟すると全身が真っ赤になる(K)

イネの葉に止まるメス(H)

　広く分布し、水田でよく見られる。ナツアカネなどと同じく、夏季は林の縁などでよく見かける。秋になると成熟し水田で見られるようになる。

＜類似種＞　ノシメトンボと似るが体の模様が異なる（→検索表）。オスはノシメトンボと異なり成熟すると全身真っ赤になって美しい。

トンボ目　トンボ科
■ミヤマアカネ

　水田や河川敷などに広く分布する。水田そのものより周囲の水路や河川沿いなどで多く見られる。これは幼虫が流水を好むことによる。成虫は8月頃から10月頃まで観察でき、緩やかに飛び、草などにがよく静止する。

翅の中央部に褐色の模様(↓)があることで、他の種との区別は容易(N)

ススキの葉上に静止する(S)

53

トンボ目　トンボ科
マユタテアカネ

マユタテアカネのオス。顔面にはっきりとした二つの黒い斑紋（←）がある(S)

交尾中の個体。赤いのがオス。メスは翅の先が黒いものと黒くならないものの二タイプある(K)

　伊那谷全域に分布するが、山ぎわの水田で数が多く、平地では少ない。夏は林の縁などで見られる。秋になると水田の周囲で数を増す。顔を正面から見ると額のところに黒い斑紋が二つ並ぶ。これを眉にみたてたことからこの名前がついた。
　<類似種>　大きさと斑紋はヒメアカネと似るが、本種は額にはっきりとした黒斑がある（→検索表）。

トンボ目　トンボ科
ヒメアカネ

オスは成熟すると腹部が真っ赤になり、顔面は薄く青みがかる(A)

　山沿いの水田や溜池の周囲で見られる。広く分布するが、平坦部の水田ではほとんど見られない。秋に畦や土手の草むらを低く飛んでいる個体や、草に止まる個体をよく見かける。
　<類似種>　マユタテアカネに似るが、本種では額に黒斑がないかあっても薄く、メスの翅の先端が黒くなることはない。正確には腹の先端の形状で同定する必要がある。

トンボ目　トンボ科
■リスアカネ

　山ぎわの溜池とその周囲の水田などに生息するが、分布は局所的。9月から10月頃、溜池の周囲で成熟した個体や産卵中の個体が見られる。
＜類似種＞　ノシメトンボにやや似るが、体が一回り小さく、胸の斑紋も異なる（→検索表）。

リスアカネのメス(S)

溜池の周囲で見られたリスアカネのオス(S)

トンボ目　トンボ科
■ネキトンボ

　溜池に生息するが、分布は局所的で個体数も多くない。水田で見られることはほとんど無い。翅の付け根が赤く染められる。

ネキトンボのオス(S)

トンボ目　トンボ科
■キトンボ

　ネキトンボ同様、溜池に生息するが、分布は局所的で個体数も多くない。水田で見られることはほとんど無い。全体にオレンジ色で、翅も同色に染まる。

キトンボのオス(S)

トンボ目　トンボ科
■マイコアカネ

　伊那谷でも採集された記録があるが、分布は極めて局所的だと思われる。成熟したオスは顔面が青くなる。

マイコアカネのオス(Na)

トンボ目　トンボ科
🟨 ウスバキトンボ

うす黄色の体色と幅の広い後翅が特徴的(K)　　　胸に斑紋がない(T)

　水田や畑地、公園などの広く開けた場所で、群れ飛ぶ姿が見られる。7月上旬頃から見られるようになり、8月から9月上旬にかけて非常にたくさんの個体が、ふわふわと漂うように舞っているのが見られる。10月に入るとほとんど姿を消す。広義の赤トンボといえるが、アキアカネなどのアカネ属とは別の仲間である。

<トピックス>　長距離移動をする昆虫として有名。東南アジアで冬を越した個体が、繁殖を繰り返しながら日本列島まで北上してくると言われているが、証明はされておらず謎が多い。学校のプールなど人工的な一時水域でも繁殖できる。

トンボ目　トンボ科
🟨 ショウジョウトンボ

　成熟したオスは全身真っ赤で、非常に目立つ。広義の赤トンボといえるが、アキアカネなどのアカネ属とは別の仲間である。広く見られるが、個体数はどこでもそんなに多くはない。水田より溜池を好む。6月頃から8月頃まで観察できる。なわばりを持ち、パトロールするように素早く飛ぶ。
<類似種>　全身真っ赤でナツアカネとやや似ているが、ショウジョウトンボが見られる初夏の時期に、伊那谷で真っ赤に成熟しているトンボは本種だけである（→検索表）。

全身真っ赤でとても美しい(S)

伊那谷の赤トンボ検索表

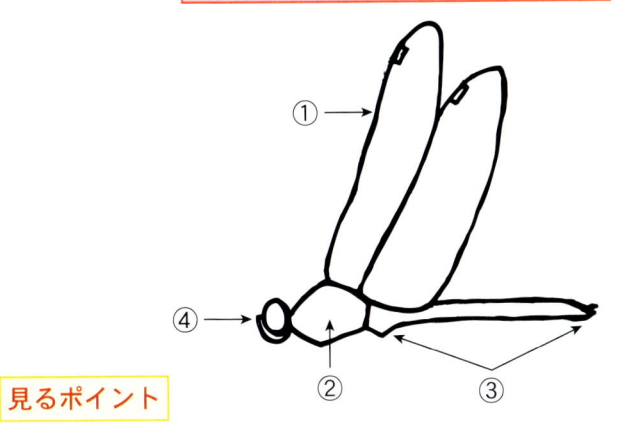

見るポイント

① 翅の模様　② 胸の模様
③ オス・メスの区別　④ 顔面の色と斑紋
＊顔面の斑紋は変異が大きいので注意！

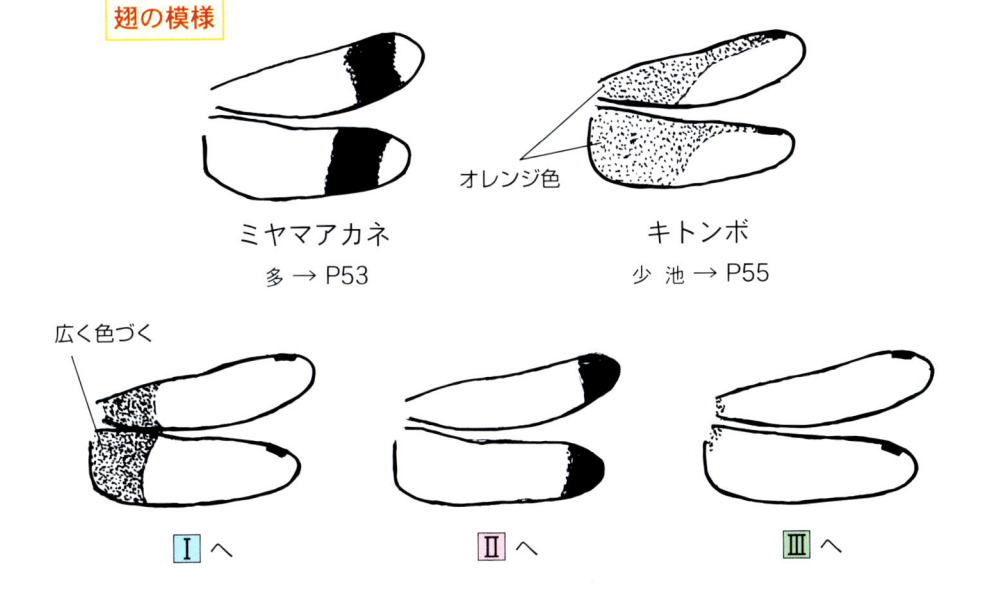

翅の模様

オレンジ色

ミヤマアカネ
多 → P53

キトンボ
少 池 → P55

広く色づく

Ⅰ へ　　　Ⅱ へ　　　Ⅲ へ

凡例　多：よく見られる　普：多くないが見られる　少：少ない
　　　稀：なかなか見られない　池：溜池で見られる　♂：オス　♀：メス

I

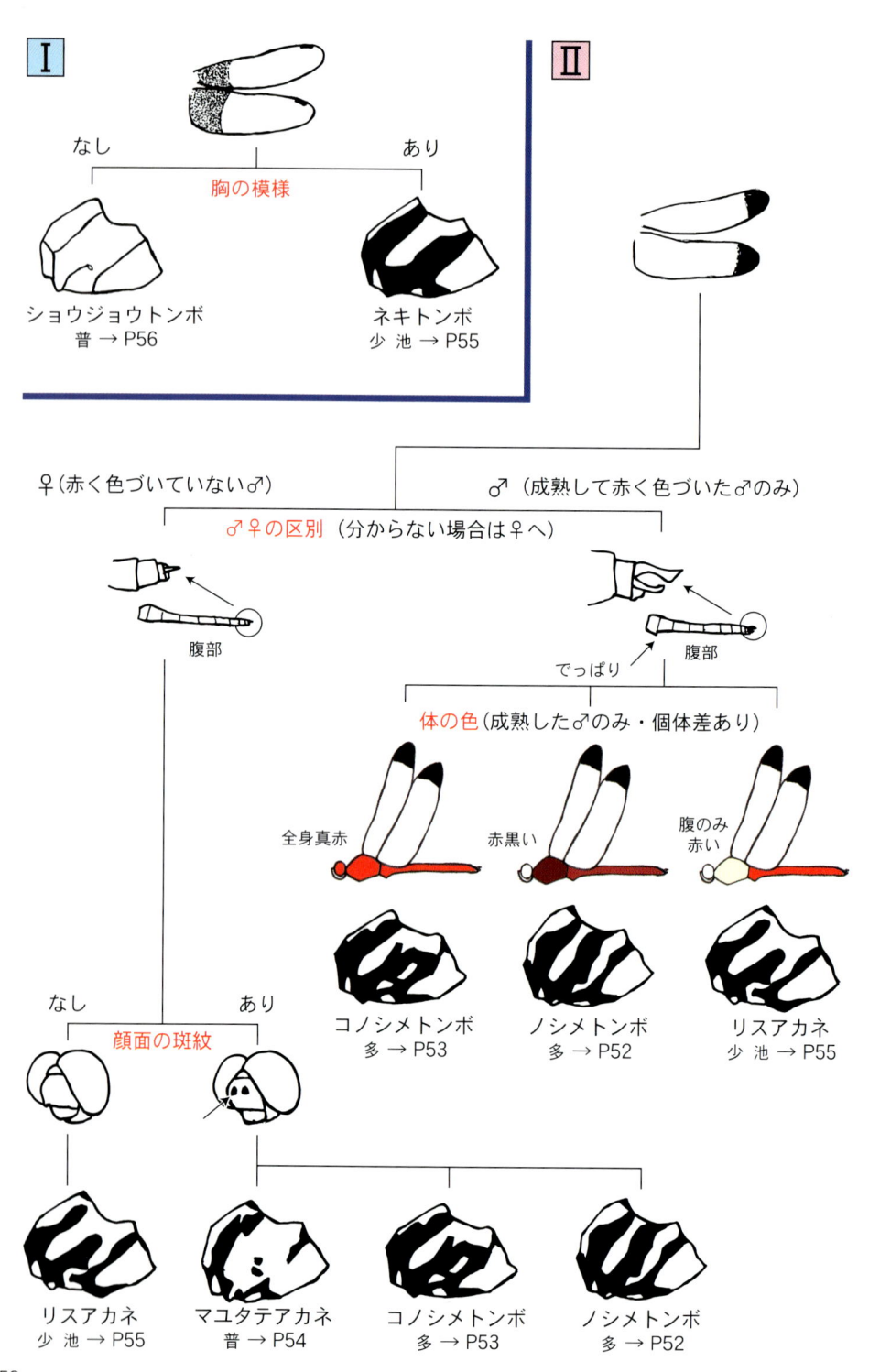

胸の模様

なし → ショウジョウトンボ 普 → P56

あり → ネキトンボ 少 池 → P55

II

♂♀の区別（分からない場合は♀へ）

♀（赤く色づいていない♂） / ♂（成熟して赤く色づいた♂のみ）

でっぱり　腹部

体の色（成熟した♂のみ・個体差あり）

- 全身真赤 → コノシメトンボ 多 → P53
- 赤黒い → ノシメトンボ 多 → P52
- 腹のみ赤い → リスアカネ 少 池 → P55

顔面の斑紋

なし → リスアカネ 少 池 → P55

あり:
- マユタテアカネ 普 → P54
- コノシメトンボ 多 → P53
- ノシメトンボ 多 → P52

58

III

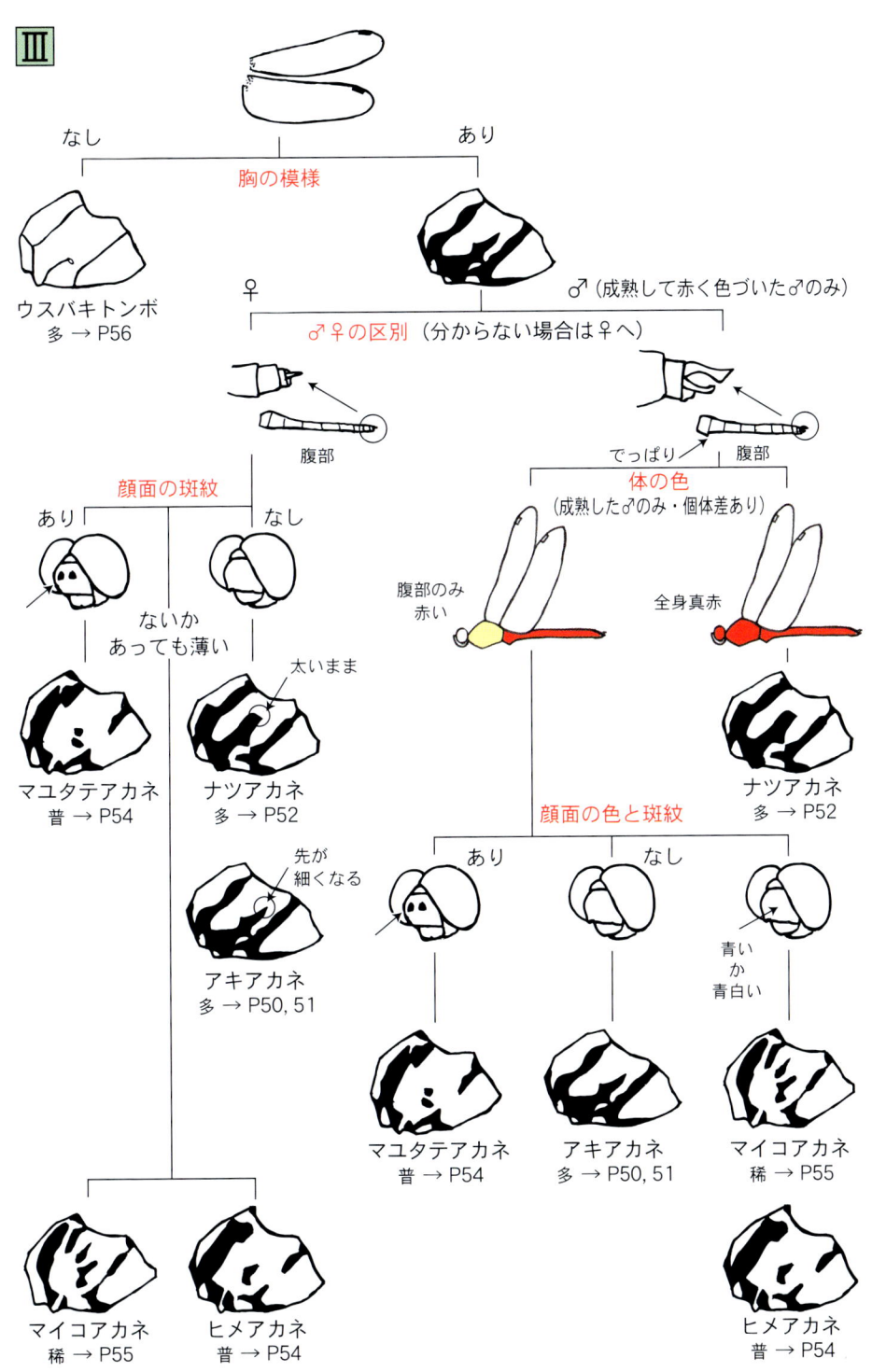

胸の模様

- **なし**: ウスバキトンボ 多 → P56
- **あり**: ♂♀の区別（分からない場合は♀へ）

♀（腹部）

顔面の斑紋

- **あり**: マユタテアカネ 普 → P54
- **ないかあっても薄い**:
  - 太いまま: ナツアカネ 多 → P52
  - 先が細くなる: アキアカネ 多 → P50, 51
  - マイコアカネ 稀 → P55
  - ヒメアカネ 普 → P54

♂（成熟して赤く色づいた♂のみ）（でっぱり・腹部）

体の色（成熟した♂のみ・個体差あり）

- **腹部のみ赤い**
- **全身真赤**: ナツアカネ 多 → P52

顔面の色と斑紋

- **あり**: マユタテアカネ 普 → P54
- **なし**: アキアカネ 多 → P50, 51
- **青いか青白い**: マイコアカネ 稀 → P55
- ヒメアカネ 普 → P54

トンボ目　トンボ科
■シオヤトンボ

伊那谷での呼び名：しろかきとんぼ 等

成熟したオス。成熟すると青白い粉をまとう(K)

シオヤトンボのメス(K)

　広く分布する「塩辛トンボ」の一種。4月下旬から羽化が始まり、7月頃には姿を消す。成熟するとオスは青白色の粉をまとった「塩辛トンボ」になる。これは、本種、シオカラトンボ、オオシオカラトンボ、ハラビロトンボなどに共通に見られる特徴である。

＜類似種＞　シオカラトンボに似るが、本種では翅の付け根がわずかに茶色に色づくことなどの違いで見分けられる。また、本種とシオカラトンボが一緒に見られる時期は5月下旬から6月下旬頃の間だけで、その後はシオカラトンボだけになる。

トンボ目　トンボ科
■シオカラトンボ

　広く分布し、よく目につく種類である。シオヤトンボより1ヶ月ほど遅く5月下旬頃から飛翔が始まり、10月頃まで見られる。
＜類似種＞　シオヤトンボに似るが、本種ではオスの腹の先が黒くなる（↓）。

オスは成熟すると白い粉をまとい、腹の先が黒くなる(S)

交尾中の個体。上がオス(K)

トンボ目　トンボ科
■オオシオカラトンボ
伊那谷での呼び名：おちゃがらとんぼ・むぎわらとんぼ
（茶色っぽいトンボの総称）等

成熟したオスは美しい青灰色になる(K)

メスは黄色で腹の先が黒い(N)

　山ぎわの水田で見られ平地では少ない。水田ではシオカラトンボよりさらに遅く7月頃から成熟個体が目につくようになり、9月頃まで見ることができる。
＜類似種＞　シオヤトンボやシオカラトンボにやや似るが、本種では翅の付け根が黒く染まる。成熟したオスは、より大型で青みが強い。メスは黄色味が強く腹の先端が黒くなる（←）。

トンボ目　トンボ科
■ハラビロトンボ

成熟したオスは青白くなる(K)

未成熟のメス(S)

　山ぎわの水田や水のある休耕田、河川敷などでよく見られる。6月頃から未成熟の個体が見られるようになり、8月頃まで観察できる。成熟したオスは青白い粉を身にまとい、「塩辛トンボ」型になる。メスは全身が黄褐色。

＜類似種＞　成熟したオスはシオカラトンボやシオヤトンボにやや似るが、腹部が短く名の通り幅広であることから、他の「塩辛トンボ」とは容易に区別される。

トンボ目　ヤンマ科
ギンヤンマ

早苗につかまって産卵するペア。オスは腹部の胸に近い部分が水色に染まる(K)

　広く分布し水田や溜池でクロスジギンヤンマと共に見られる大型のトンボ。5月から9月頃まで見られる。5月頃に1化目が羽化し、夏頃に2化目が羽化すると思われる。

＜類似種＞　クロスジギンヤンマと似る。
＜トピックス＞　長野県レッドリストで準絶滅危惧にランクされている。

トンボ目　ヤンマ科
クロスジギンヤンマ

　ギンヤンマと同様に水田や溜池で、5月から9月頃まで普通に見られる。
＜類似種＞　ギンヤンマと似るが、本種では胸の黒い筋が目立つ（→）。
＜トピックス＞　長野県レッドリストで準絶滅危惧にランクされている。

クロスジギンヤンマのヤゴ(T)

本種には胸部の黒い筋(→)がある(K)

トンボ目　オニヤンマ科
■オニヤンマ

伊那谷での呼び名：おやかたとんぼ・おにとんぼ　等

草に静止するオニヤンマ(K)

　広く分布し個体数も多い。6月下旬頃から羽化が始まり、9月頃まで見られる。盛夏にもっとも数が多くなる夏のトンボである。ヤゴは止水ではなく浅く緩やかな流水を好み、水田内ではほとんど見られない。コンクリート三面張りのような水路でも発生するたくましさを持っている。オスの成虫は水路の上など低いところを行き来しながら、パトロールを行う。
＜トピックス＞　昔から子どもたちの昆虫採集の獲物として、カブトムシと並ぶ有名な虫。大型で黒と黄色の鮮やかな虎模様、深い緑色の大きな目、かみつかれるととても痛い大きな口など、子どもにとっては魅力的で宝物のような虫である。ちょうど夏休みの頃個体数が増え、家の周りでよく見られるのも人気の秘訣であろう。

水田横の水路から羽化した個体(H)

溜池などで見られたトンボ類
①産卵するオオルリボシヤンマ。近縁のルリボシヤンマも生息する(S)　②溜池周辺で初夏に多いコサナエ(S)　③溜池で見られるコシアキトンボ(K)　④休耕田などで発生するハッチョウトンボ(S)　⑤溜池で見られるが少ないヨツボシトンボ(S)

トンボ目　アオイトトンボ科
■オツネントンボ

伊那谷での呼び名：めくらとんぼ（オツネントンボとホソミオツネントンボの新成虫）・てんじんさま（イトトンボ類の総称？）等

連結するオツネントンボのペア(S)

　伊那谷ではどこの水田でも見られ、赤トンボと並ぶ「田んぼのトンボ」の代表種。代かきのために水を入れた水田に、どこからともなく集まってきて、畦ぎわのスズメノテッポウなどの水田雑草に、産卵しているのがよく見られる。このようなシーンは5月下旬頃まで見られ、その後、成虫はいったん姿を消す。ヤゴは水田の中で育ち、7月頃から新成虫が羽化を始める。羽化した成虫は水田を離れ、成虫のまま秋、冬を越して、翌年の春に再び水田に現れて産卵するという生活をしている。

＜類似種＞　ホソミオツネントンボと似るが、本種は春の繁殖期でも水色にならず、褐色のままである。ホソミオツネントンボよりひと回り大きく、翅の先端にある褐色の小斑が、翅をたたんだ状態で前翅と後翅で位置がずれる（↓）。

＜トピックス＞　オツネンは漢字では「越年」と書く。これは成虫で越冬する生活を示している。冬に本種が見つかり、ニュースになったりすることもある。

水田で羽化したオツネントンボ(T)

オツネントンボでは、翅をたたんだときの斑紋の位置が前翅と後翅でずれる（↓）(H)

トンボ目　アオイトトンボ科
■ホソミオツネントンボ

交尾中のホソミオツネントンボ。春は水色になる(K)

　オツネントンボと並び、伊那谷の水田ではどこでも見られる「田んぼのトンボ」。個体数も多くよく目につく。生活サイクルはオツネントンボと同様で、入水と共に水田に産卵に訪れ、夏に新成虫が羽化し、そのまま成虫で越冬する。
＜類似種＞　褐色の時はオツネントンボと似る。本種では翅の先端にある褐色の小斑が、羽を閉じると1点に重なる（↓）。

草の茎の中に産卵する(K)

水田から羽化した新成虫。翅の先端の斑紋は一点に重なる（↓）(K)

越冬中の成虫(S)

トンボ目　イトトンボ科
■モートンイトトンボ

モートンイトトンボのオス(K)

　水田や浅い池、河川敷などに分布し、平坦部の水田でも山ぎわの水田でも見られる、小型の美しいイトトンボ。6月頃から羽化が始まり、9月頃まで成虫が観察されている。幼虫で越冬し、水田内部や周辺の水の中あるいは湿った場所で、冬の時期を過ごす。羽化したてのメス成虫は鮮やかなオレンジ色である。オスは成熟すると黄緑色になり、腹部の先がオレンジ色に染められ美しい。メスは成熟すると黄緑色になる。

交尾（上がオス）。メスは全身が黄緑色(T)

未成熟のメスは鮮やかなオレンジ色をしている(K)

湿った水路で見つかった越冬中のヤゴ(S)

トンボ目　アオイトトンボ科
■オオアオイトトンボ

メタリックグリーンの体色はよく目立ち美しい(K)

　山沿いの水田や溜池で見られる大型のイトトンボで、7月頃羽化して11月頃まで見られる。水面に張り出した木々の枝などに産卵する性質があるため、林に隣接した水田で多く見られる。
<類似種>　類似種にコバネアオイトトンボとアオイトトンボがある。コバネアオイトトンボは県内での分布は極めて限られており、今のところ伊那谷からは発見されていないと思われる。アオイトトンボは成熟すると体に白い粉をふくのが特徴で、溜池に生息する。

オオアオイトトンボのヤゴ(K) 　　　連結するペア(S)

水田周辺で見られたイトトンボ類
①産卵するオオイトトンボのペア(H)　②オオイトトンボは溜池や休耕田に多い(S)　③クロイトトンボ(K)　④休耕田でよく見られるキイトトンボ(S)　⑤水路沿いなどで見られるハグロトンボ(K)

69

カメムシ目　タイコウチ科
■ミズカマキリ

伊那谷での呼び名：ねいさま・べんちょはさみ 等

鎌状の前足と細長い体と脚が特徴。体色は焦げ茶色から黄土色(I)

　水田や溜池で広く見られ、個体数も多い。学校のプールなどでも飛来した個体を見ることがある。水を入れると同時に水田に飛来して繁殖し、初夏から夏にかけては翅のない幼虫が観察できる。成虫になると水田を離れ、溜池などへ移動する。越冬は浅い池などで行われ、何十頭もの集団になることもある。
＜類似種＞　二回りほど小さいヒメミズカマキリも伊那谷に分布する。体長が異なるため、見分けることは容易であるが、ミズカマキリの幼虫とヒメミズカマキリの成虫を見誤ることがあるので、翅の有無に気をつける必要がある。

ミズカマキリの幼虫。翅がない(S)

カメムシ目　タイコウチ科
■ヒメミズカマキリ

　ミズカマキリと酷似するが、体の大きさがずいぶん小さく、体長と呼吸管（→）の長さの比率も異なる。溜池で見られることが多く、水田ではあまり見かけない。

左：ミズカマキリ　右：ヒメミズカマキリ

カメムシ目　タイコウチ科
■タイコウチ

伊那谷での呼び名：ちんぼはさみ　等

泥をかぶって水底に隠れるタイコウチ(S)

　水田や溜池などに広く分布するが、ミズカマキリのように一ヶ所でたくさん見つかることはない。入水の頃から水を落とす秋頃まで見られる。水田で繁殖し、初夏から夏にかけては翅のない幼虫が観察される。
<類似種>　小型で呼吸管が短いヒメタイコウチが、愛知県や岐阜県など近県の湿地に分布しているが、伊那谷では発見されていない。
<トピックス>　長野県レッドリストで準絶滅危惧にランクされている。

タイコウチの幼虫。翅がない(S)

水面に呼吸管を出して息をする(S)

73

カメムシ目　コオイムシ科
■コオイムシ

伊那谷での呼び名：あわしょい 等

コオイムシ。伊那谷の水田では数は多い(S)

上：卵を背負うオス(I)
下：水田で見られた幼虫(O)

　広く分布し個体数も多い。入水と同時に活動をはじめ、水田では5月頃から卵を背負ったオスがよく見られるようになる。初夏から夏にかけて、幼虫も水田でたくさん見つかる。落水後も水田や周囲の湿った場所で生活し、冬季に畦ぎわなどで越冬中の個体が発見される。
＜類似種＞　酷似するオオコオイムシも伊那谷に生息するが、水田で見られるのは圧倒的にコオイムシが多い。オオコオイムシはコオイムシより一回り体が大きいが、コオイムシの大型個体とオオコオイムシの小型個体とでは区別は困難になる。
＜トピックス＞　環境省レッドリストで準絶滅危惧にランクされている。

水田の泥の間で越冬していた成虫(S)

カメムシ目　コオイムシ科
■オオコオイムシ

　山沿いの休耕田などに生息している。コオイムシに酷似するが、大きさが一回り大きい。水田ではあまり見かけない。

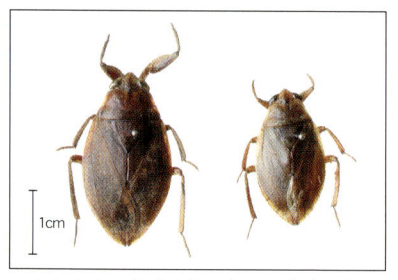

1cm

左：オオコオイムシ　右：コオイムシ

カメムシ目　コオイムシ科
■タガメ

　伊那谷にはかつて生息していて、宮田村産などの標本が保存されている。しかし近年は採れたという噂はあるが、個体や標本が確認されたことはないため、自然状態では絶滅した可能性が高いと考えられる。
＜トピックス＞　環境省レッドリストでは絶滅危惧Ⅱ類に、長野県レッドリストでは絶滅にランクされている。
　飼育が盛んで人気がある昆虫のため、逃げ出したり故意に放されたりすることも考えられ、自然分布かどうかの確認には注意を要する。

伊那谷からは絶滅したと考えられるタガメ。標本は宮田村産で昭和7年に採集されたもの（宮田村教育委員会蔵）

カメムシ目　マツモムシ科
■マツモムシ

伊那谷での呼び名：あおむけちょっか　等

水田内で見られた幼虫(S)

仰向けになって水面に落ちてくる餌を待ちかまえている。水面に姿が映っている(K)

　水田や溜池に広く分布し、個体数も多い。水田には入水と同時に飛来し、落水の頃まで見られる。水田で繁殖も行い、初夏から夏にかけては、翅のない幼虫がたくさん観察される。驚くと後脚をオールのようにして水中に潜り、また浮かんでくる運動を行う。幼虫も基本的に同じ形をしている。
＜トピックス＞　本種は不用意につかむと、針状の口で手などを刺すことがある。

カメムシ目　ミズムシ科
■ミズムシ類
伊那谷での呼び名：ふうせんむし　等

　水田や溜池に生息するが、小型でマツモムシほど目につかない。水中をタモ網ですくうと見つかることがある。よく似た種が何種か知られており、伊那谷にはどの種類が分布するのかは、調査されていない。体長6〜8㎜。

ミズムシの一種(K)

カメムシ目　マルミズムシ科
■マルミズムシ類

　体長2〜3㎜の非常に小型の水生昆虫。水田では水のある間観察されるが、小さいためなかなか気づかない。冬季も畦ぎわなどで越冬中の個体が見つかる。

マルミズムシの一種(K)

カメムシ目　カタビロアメンボ科
■カタビロアメンボ類

　広く分布し、水田には多数の個体が生息するが、体長2㎜程で非常に小さいため、なかなか気がつかない。水のある期間を通して観察できる。水田で繁殖もしており、幼虫も見られる。よく似た種が何種かいて、伊那谷の水田にどの種類が分布しているのかはわかっていない。成虫には翅のある有翅型と翅のない無翅型がある。
＜トピックス＞　水面に落ちた害虫などを食べるため、稲作にとって益虫である。

ヨコバイ類の幼虫から吸汁する(K)

ケシカタビロアメンボの有翅型(K)

カメムシ目　アメンボ科
■ヒメアメンボ

伊那谷での呼び名：ちょっか（アメンボ類の総称）等

水田に多いヒメアメンボ。オスがメスの背に乗っている(H)

　水田や水路、水たまりなどの一時的にできる水域をふくめ、各地でよく見られ、個体数も多い。水田では、水のある期間を通して観察できる。また初夏から夏にかけては翅のない幼虫もよく見られ、水田で繁殖している。
＜類似種＞　水田で見られるアメンボ類は、ほとんどがヒメアメンボであるが、水を張ったばかりの頃や苗が小さく水面が広い時には、アメンボが見られることがある。アメンボとヒメアメンボは大きさの違いで容易に区別できる。また、溜池など水面が広いところではさらに大型のオオアメンボも生息する。
＜トピックス＞　水面に落ちた害虫などを補食するため、稲作にとっては益虫であるといえる。

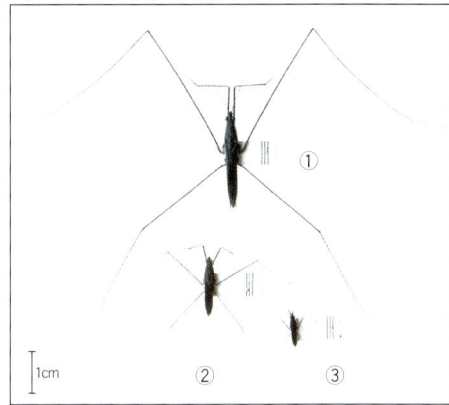

アメンボ類の大きさの比較（①オオアメンボ、②アメンボ、③ヒメアメンボ）

一つの餌に多数の個体が集まることもある(S)

オタマジャクシの死体に集まる(K)

77

カメムシ目　イトアメンボ科
■ヒメイトアメンボ

水面を歩くように移動するヒメイトアメンボ。小さく細いためなかなか気づかない(K)

　広く分布し、水田に多数生息している。水面を歩行しているが、小さく非常に細長い体型をしているため、存在に気づかない場合が多い。体長8〜9㎜。
＜類似種＞　よく似た種にイトアメンボがある。伊那谷では昭和初期に宮田村で採集された標本を確認しており、現在も生息している可能性がある。イトアメンボは体長が10〜14㎜ほどで、ヒメイトアメンボより大きく、体色が黒い。目の位置も異なる。

カメムシ目　メミズムシ科
■メミズムシ

　水田の畔ぎわに生息し、春から夏にかけて観察している。小さく地味な上にすばしこいため、気づかない場合が多い。
＜類似種＞　本種に似たミズギワカメムシ類（ミズギワカメムシ科）も、同様の環境に生息する。伊那谷にどのような種類が分布しているかは、調査されておらず不明である。

畔ぎわにいるメミズムシ。小さくすばしこいため、なかなか気づかない(K)

カメムシ目　ヘリカメムシ科
■ホソハリカメムシ
伊那谷での呼び名：へくさむし（カメムシ類の総称）等

広く分布し、出穂してからのイネの上でよく観察される。
<トピックス>　イネの重要害虫で、穂から吸汁して斑点米を作る。

ホソハリカメムシ(S)

水田周辺で見られたカメムシ類
①イネから吸汁するトゲカメムシ(S)　②イネから吸汁するミヤマカメムシ(T)　③ツノアオカメムシ。イネに害は与えない(S)　④クサギカメムシ。室内に入ってきて越冬するため嫌われるが、イネには無害(H)　⑤ブチヒゲクロカスミカメムシ(S)　⑥オオツマキヘリカメムシ。畦に生息しイタドリやキイチゴ類から吸汁する(S)

カメムシ目　ヨコバイ科
■ツマグロヨコバイ

　水田で発生し、個体数も多い。水田近くの燈火に無数に集まることがある。体長約4㎜。
＜トピックス＞　イネの害虫で、萎縮病ウイルスの伝搬者でもある。

ツマグロヨコバイ(K)

水田周辺で見られたヨコバイ・ウンカ類ほか
①セジロウンカ。ウンカ類は有名なイネの害虫だが伊那谷では少ない(K)　②オオヨコバイ(K)　③林縁などに多い。ツマグロオオヨコバイ(T)　④モンキアワフキ(K)　⑤コガシラアワフキの一種(T)　⑥ヨコバイの一種(K)

●● コウチュウ類 ●●

イネの株間を泳ぐゲンゴロウ(S)

　ゲンゴロウ類やガムシ類にとって、水田は重要な生息地であり、繁殖地である。大型のゲンゴロウなどはミズカマキリなどと同様、水田に水の入っている時期を利用して繁殖を行い、水のない時期は溜池などで生活している。ヘイケボタルも水田を重要な生息地として利用している。
　コウチュウ類にはイネミズゾウムシやイネクビボソハムシなどの重要な害虫を含み、これらは伊那谷の水田でも被害を与えている。
　大型のゲンゴロウやガムシは、溜池の減少や岸のコンクリート化などの構造変化、ブラックバスなどの外来魚の進入などにより数を減じている。

＜参考図書＞
○「日本動物大百科10　昆虫Ⅲ」　平凡社
○「原色日本甲虫図鑑Ⅰ〜Ⅳ」　保育社
○「改訂版図説日本のゲンゴロウ」　文一総合出版
○「ヤマケイポケットガイド18　水辺の昆虫」　山と渓谷社
○「ヤマケイフィールドブックス13　甲虫」　山と渓谷社

コウチュウ目　ゲンゴロウ科
■ゲンゴロウ

伊那谷での呼び名：とおくろう　等

水中を泳ぐゲンゴロウ。緑色の体と黄色の縁取りが特徴。脚はオール型で泳ぎがうまい(K)

　溜池などに生息し広く分布しているが、水田で見る機会は少ない。成虫は水田へ水を入れると同時に飛来し、7月頃まで観察される。7月から8月頃には大きく成長した幼虫が見つかることもある。蛹は畦などの土中で見られるが、観察は困難。成虫は春と秋には溜池で見ることができる。体長約40mm。
＜類似種＞　ガムシと間違われることがあるが、黄色の縁取りがあること（↓①）、後脚に毛が密生していることなど（↓②）で区別は容易。
＜トピックス＞　全国的に減少が著しく、環境省、長野県両方のレッドリストで共に準絶滅危惧にランクされている。長寿の昆虫で、飼育下では2～3年程生き、野外でも二冬を過ごした個体を確認している。活発に飛翔して移動し、溜池から溜池へ1km以上移動した例も知られている。夜間に燈火に飛来することも多い。捕まえると乳白色の臭い液体を分泌する。伊那谷ではかつて食用にされた。

赤みが強い個体もいる(K)

水田に飛来した成虫(S)

①交尾は初夏や秋に行われる(S)　②採集した幼虫(S)　③畦の土中で見つかった蛹(N)　④ルリボシヤンマに食いつくゲンゴロウ。水田で羽化した成虫は溜池へ移動し餌を食べて冬越しに備える(S)　⑤冬の溜池で見つけたゲンゴロウの死骸(S)

コウチュウ目　ゲンゴロウ科
■クロゲンゴロウ

　広く分布し、溜池や水田に生息する体長20mmほどのゲンゴロウ。水田でも比較的よく目にする種である。水を入れると同時に飛来し、水を落とす頃まで観察される。本種の幼虫と思われるものが水田で見つかっており、繁殖もしていると考えられる。
＜類似種＞　体色が薄灰色で体型が二回りほど小さいハイイロゲンゴロウも採集された記録がある。
＜トピックス＞　長野県レッドリストで準絶滅危惧にランクされている。

クロゲンゴロウ。全身黒く腹部も黒い(K)

コウチュウ目　ゲンゴロウ科
■マルガタゲンゴロウ

　伊那谷での個体数は非常に少なく、稀に水田で見つかっている。幼虫は小さいころミジンコを食べるという。体長約13mm。
＜トピックス＞　長野県レッドリストでは絶滅危惧Ⅱ類にランクされている。

マルガタゲンゴロウ(K)

コウチュウ目　ゲンゴロウ科
■コシマゲンゴロウ

　水田ではもっともよく目にするゲンゴロウの一種。個体数も多く、普通に見られる。浅い水域を好み、水を落としたあとも、水たまりなどで見られる。体長約10mm。

コシマゲンゴロウ(K)

コウチュウ目　ゲンゴロウ科
■ヒメゲンゴロウ

　広く分布する普通種。水田や溜池に生息する。冬場でも水田内にできた小さな水たまりなどで見つけることができる。体長約12mm。
＜類似種＞　酷似したオオヒメゲンゴロウも、伊那谷に生息しているが、休耕田など草の多い浅い水域を好み、水田ではあまり見られない。ヒメゲンゴロウとは体型と胸の黒い斑紋の形状が異なる。

細長くラグビーボール型の体型が特徴のヒメゲンゴロウ(K)

コウチュウ目　ゲンゴロウ科
■マメゲンゴロウ

水田や休耕田などの浅い止水に生息する。普通に見られるが、コシマゲンゴロウやヒメゲンゴロウほど多くはない。体長約7㎜。
＜類似種＞　水田に生息する種ではクロズマメゲンゴロウと似るが、本種の方が二回りほど小さい。

マメゲンゴロウ。上翅は赤みがかっている(S)

コウチュウ目　ゲンゴロウ科
■クロズマメゲンゴロウ

休耕田などに広く分布するが、水田では見られる場所は比較的限られていて、個体数もあまり多くない。山ぎわの水田で、湧水のしみ出すような場所に多く見られる。名前の通り頭部・胸部が黒く上翅は茶色。体長約10㎜。

クロズマメゲンゴロウ(K)

コウチュウ目　ゲンゴロウ科
■ケシゲンゴロウ

水田や休耕田などの浅い水域で広く見られる普通種。小さいため一般にはあまり存在を知られていない。オレンジ色の体色と丸いボールのような体型が特徴的。体長約5㎜。

ケシゲンゴロウ(K)

コウチュウ目　ゲンゴロウ科
■ツブゲンゴロウ類

伊那谷の水田ではツブゲンゴロウとコウベツブゲンゴロウが見つかっている。両種がどの程度の割合で生息しているかは不明。体長約4㎜。両種は上翅の斑紋で見分けることができるが、ルーペなどを使って観察する必要がある。

コウベツブゲンゴロウ(K)

コウチュウ目　ゲンゴロウ科
■チビゲンゴロウ

広く分布し、水田で非常に多く見られる極めて小さいゲンゴロウ。小さすぎてミジンコなどと間違われることさえある。体長約2㎜。

チビゲンゴロウ(K)

コウチュウ目　コツブゲンゴロウ科
■コツブゲンゴロウ

　水田での個体数が非常に多い普通種。かなり小さい種であるため、あまり存在を知られていない。入水から落水まで見られ、冬季も越冬中の個体を畦ぎわなどの湿った場所で見つけることができる。体長約4mm。

コツブゲンゴロウ(K)

水田で見られるゲンゴロウ類（実物大）
①ゲンゴロウ　②クロゲンゴロウ　③ヒメゲンゴロウ　④コシマゲンゴロウ　⑤クロズマメゲンゴロウ　⑥マメゲンゴロウ　⑦ツブゲンゴロウ　⑧ケシゲンゴロウ　⑨コツブゲンゴロウ　⑩チビゲンゴロウ（3個体）

中型のゲンゴロウ類の幼虫。水田でよく見られる。ガムシ類の幼虫とやや似ているが、ゲンゴロウ類は体に突起が無く、脚が長く目立つ。

腹先を水面から出して呼吸するゲンゴロウ類の幼虫(S)

コウチュウ目　ガムシ科
■ガムシ

水中を歩くガムシ。後脚はゲンゴロウのようにオール状になっておらず、泳ぎはうまくない(I)

　溜池や水田に広く分布する。成虫は入水と同時に水田に飛来し、7月頃まで観察される。水田で繁殖し、卵は袋状の卵のうの中に産みつけられる。7月から8月頃には大型の終齢幼虫を見ることができる。成虫は春や秋は溜池で見られ、冬季に溜池の水中で越冬しているのを観察している。体長40mmほどで、腹部や足を含めて全身黒色なのが特徴。
＜トピックス＞　全国的に数を減じているようで、長野県レッドリストでは準絶滅危惧にランクされている。燈火にもよく飛来する。

上：ガムシは一部がアンテナのように伸びた特徴的な卵のう（卵の入る袋）をつくる。田植えのころ上部に草や藻などが付着した卵のうが、水田に浮いているのを見ることがある(I)

下：幼虫も水田内で見られる。終齢では70mmほどにもなる(S)

コウチュウ目　ガムシ科
■コガムシ

　水田に広く分布する種で、ガムシよりよく目につく。入水と同時に水田で見られるようになり、繁殖も水田で行い、6月から8月頃には幼虫を見ることができる。体長約16mm。

草の葉にくるまれたコガムシの卵のう(S)

上：コガムシの成虫。ガムシに似ているが体長は半分ぐらい。脚が茶色いのも特徴(O)

下：アカムシ(ユスリカ類の幼虫)を食べる幼虫(O)

コウチュウ目　ガムシ科
■ゴマフガムシ類

　浅い水域に広く分布し、個体数も多い。水田でよく見られる虫の一つである。体長約7mm。ゴマフガムシの仲間は複数種が知られているが、伊那谷の水田にどの種類が生息しているかは、調査できていない。
＜類似種＞　形が少し異なるヒラタガムシも生息している。

ゴマフガムシの一種(K)

ヒラタガムシの一種。ゴマフガムシとは別の属。体長約5mm。畦ぎわで多数見られた(K)

ゴマフガムシ類の幼虫。体の側面に長い突起がある(K)

水田で見られるガムシ類（実物大）
①ガムシ ②コガムシ ③ゴマフガムシの一種
④ヒラタガムシの一種

ゲンゴロウ類とガムシ類は一見似ているが、後ろ足の形状や体型が異なる。食性も違い、ガムシ類は植物食が主であるが、ゲンゴロウ類はほとんどが肉食である。
左：ゲンゴロウ　右：クロゲンゴロウ（実物大）

コウチュウ目　コガシラミズムシ科
■コガシラミズムシ類

　浅い水域に生息する小型の甲虫。水田内でも見つかるが、個体数はあまり多くない。いくつかの種が知られており、伊那谷の水田にどの種が生息しているかは調査されていない。体長約3mm。

水草につかまったコガシラミズムシの一種(K)

コウチュウ目　ミズスマシ科
■ミズスマシ

　広く分布し、溜池などでよく見られる。水田では水を張った直後や、幅の広いぬるみ（水温を上げるための溝）などで観察される。開放水面を好み、苗の植わったあとの水田ではほとんど見られない。
＜類似種＞　オオミズスマシも伊那谷に生息し溜池で見られるが、水田では観察したことがない。オオミズスマシはミズスマシより大きく、翅の縁に黄色いラインがあるので見分けは容易。
＜トピックス＞　長野県レッドリストで準絶滅危惧にランクされている。

水面に浮かび、素早くクルクルと円を描くように回る独特の動きをする(S)

コウチュウ目　ホタル科
■ヘイケボタル

　水田に広く分布し、場所によっては個体数も多い。6月下旬頃から発生をはじめ7月一杯ぐらいまで見ることができる。幼虫も水田の中で観察できる。体長は7〜12㎜。メスの方が大型である。
＜類似種＞　ゲンジボタルに似るが本種の方が一回り小さく、赤い胸部の真ん中を走る黒線（↓）の幅が広い。
＜トピックス＞　車のウインカーの発光間隔と本種の発光間隔が同調し、生息地でウインカーを光らせると車に集まってくることは、よく知られている。ゲンジボタルは発光間隔が異なるため、ウインカーには集まらない。ゲンジボタルとは幼虫の生息場所、餌も異なる。ヘイケボタルの幼虫はヒメモノアラガイなどを食べ止水に生息するため、水田は重要な発生地となっている。

ヘイケボタルの交尾。上がオス。胸部の黒いライン（↓）がゲンジボタルより太い(K)

幼虫は水田内で観察できる(K)

コウチュウ目　ホタル科
■ゲンジボタル

　各地の用水路などで発生するが、見られる場所は局所的で、どこにでもいる種類ではない。段丘崖沿いや山ぎわの水田周辺で見られる。ヘイケボタルと混生する場所もある。ヘイケボタルより早く、6月中旬頃から発生をはじめる。体長10〜15㎜。メスの方が大型である。
＜トピックス＞　長野県レッドリストでは留意種にランクされている。
　本種の幼虫は流水に生息し、カワニナを餌としているため、水田内部には生息せず、水路を生息地として利用している。

光るゲンジボタル。胸部の黒いラインがヘイケボタルより細い(K)

幼虫は流水に生息する(K)

コウチュウ目　ゾウムシ科
■イネミズゾウムシ

　広く分布する有名なイネの害虫。水田に水を入れるとすぐに見られるようになり、多い場所では、植えたそばからイネに這い登ってくる。成虫は7月頃まで見られ、イネの葉を食害し、多発田では苗が白く見えるほどである。幼虫はイネの根を食べて発育を阻害する。8月から9月頃新成虫が羽化し、畔などで越冬する。成虫は泳ぎもうまく、水中を泳いでいるのを見かけることも多い。体長7〜8㎜。
＜トピックス＞　伊那谷ではイネの重要な害虫である。薬剤処理をしていない水田では、かなりひどく食害されることがある。害草のヒエが水田内に生えていると、イネよりヒエを好む傾向が見られるという。

①イネを加害する成虫(K)　②水中を泳ぐ成虫。ゾウムシなのに泳ぎがうまい(S)　③④根についた蛹の入った土マユ。幼虫は根を食害し、イネの成長を阻害する(S)

コウチュウ目　ハムシ科
■イネクビボソハムシ

イネの葉上で交尾中の成虫(K)

ドロオイと呼ばれる幼虫(K)

　水田に広く分布し、幼虫は「ドロオイ」と呼ばれ、イネの葉を食害する害虫。6月から7月頃に幼虫がよく目につく。成虫は8月頃見られる。成虫の体長は約4mm。
＜トピックス＞　幼虫のまとっている「ドロ」は自身の排出したフンである。フンで体を覆い外敵から身を守っていると考えられる。発生量は多いが、甚大な被害を引き起こすことは少ない。

フンを取り除くとイモムシ状の幼虫が現れる(K)

ドロオイに食害されているイネ(T)

水田周辺で見かけたコウチュウ類
①畔などに棲むミカワオサムシ。伊那谷北部には近似のアオオサムシが生息する(S)　②水面に落ちてヒメアメンボに襲われているセアカヒラタゴミムシ(S)　③アオゴミムシ(K)　④マルガタゴミムシの一種(K)　⑤ヒメキベリアオゴミムシ(K)

水田周辺で見かけたコウチュウ類
林と隣接したような場所では、森林性の種も含めて、多くの種が水田やその周囲で観察される。

①ウスチャコガネ(S)　②セマダラコガネ(S)
③アオバアリガタハネカクシ(K)　④カタキンイロジョウカイ(K)　⑤ナナホシテントウ(K)
⑥ツチハンミョウの一種(T)　⑦クワハムシ(K)

郵便はがき

料金受取人払
京橋局承認

3194

差出有効期間
平成18年8月
31日まで

104-8790

705

東京都中央区築地7-4-4-201

築地書館 読書カード係 行

お名前		年齢	性別	男・女
ご住所 〒				
	tel e-mail			
ご職業（お勤め先）				

購入申込書 このはがきは、当社書籍の注文書としてもお使いいただけます。

ご注文される書名	冊数

ご指定書店名　ご自宅への直送（発送料210円）をご希望の方は記入しないでください。
tel

読者カード

ご愛読ありがとうございます。本カードを小社の企画の参考にさせていただきたく存じます。ご感想は、匿名にて公表させていただく場合がございます。また、小社より新刊案内などを送らせていただくことがあります。個人情報につきましては、適切に管理し第三者への提供はいたしません。ご協力ありがとうございました。

ご購入書籍名

本書を何でお知りになりましたか？（複数回答可）
　□書店　□新聞・雑誌（　　　　　　　　）□人に勧められて
　□テレビ・ラジオ（　　　　　　　　）□インターネット（　　　　）
　□（　　　　）の書評を読んで　□その他（　　　　　　　　　）

ご購入の動機（複数回答可）
　□テーマに関心があった　□内容、構成が良さそうだった
　□著者　□表紙が気に入った　□その他（　　　　　　　　　　）

本書に対するご評価をお願いします（よろしければ理由も）。
　内容　　　　　　　　満足・不満（　　　　　　　　　　　　）
　価格　　　　　　　　安い・妥当・高い
　表紙のデザイン　　　好き・嫌い（　　　　　　　　　　　　）
　本文のレイアウト　　見やすい・見にくい（　　　　　　　　）

今、いちばん関心のあることを教えてください。

最近、購入された書籍を教えてください。

本書のご感想、読みたいテーマ、今後の出版物へのご希望など

□総合図書目録（無料）の送付を希望する方はチェックして下さい。
＊新刊情報などが届くメールマガジンの申し込みは小社ホームページ
　（http://www.tsukiji-shokan.co.jp）にて

●●バッタ・カマキリ類●●

イネの葉上のオオカマキリ(T)

　バッタ類で草原性、湿地性の種は、水田内やその周辺で多く見られ、主要な生息地の一つになっている。中でもコバネイナゴは個体数が多く、秋の水田でよく見られる。またコバネイナゴは、昆虫食文化の良く保存されている伊那谷では、現代でも食用にされており、秋には採集風景が見られる。

＜参考図書＞
○「日本昆虫大百科8　昆虫Ⅰ」　平凡社
○「検索入門セミ・バッタ」　保育社
○「カマキリのすべて」　トンボ出版
○「原色日本昆虫図鑑（下）」　保育社
○「原色昆虫大図鑑Ⅲ」　北隆館

バッタ目　イナゴ科
■コバネイナゴ

伊那谷での呼び名：いなご（イナゴ類の総称）

稲穂に止まるコバネイナゴのペア。体色は黄緑色で目から背中にかけて茶褐色の帯が走る。翅の先端が腹部より短いのが特徴。稀に長翅型とよばれる翅の長い個体がいる(H)

　全域に分布し個体数も多い。成虫は夏の終わり頃から見られるようになり、11月頃まで観察される。イネや周囲の草の葉上で見つかる。
＜類似種＞　ハネナガイナゴは名の通り翅が長く、腹端より長く伸びるが、伊那谷ではほとんど見られない。イナゴモドキも大変似ているが、この種も翅は腹端より長い。メスアカフキバッタは、オスが緑色でやや似ているが、成虫になっても翅が発達せず（フキバッタ類の特徴）、山ぎわなどに多く水田で見られることは少ない。
＜トピックス＞　コバネイナゴを中心とした中型で緑色のバッタ類は、「いなご」と総称され、甘辛く煮付けたり、から煎りにしたりして食卓を飾る。伊那谷では秋になると、水田でイナゴ採りをする人の姿が見られる。スーパーや土産物屋ではイナゴの煮たものが、普通に売られている。

バッタ目　バッタ科
■ツマグロイナゴモドキ

　山ぎわの水田で見かけるが個体数は多くない。夏から秋にかけて成虫が観察される。翅の先端と後脚の折れ曲がる部分（→）が黒いのが特徴。

ツマグロイナゴモドキ。翅の先端や後脚の関節（→）が黒い(S)

バッタ目　バッタ科
■ナキイナゴ

　畦や土手の草地で多く見られる。5月下旬頃から鳴き始め、盛夏には見られなくなる初夏のバッタ。イネ科の草に止まって鳴いているが、近づくと鳴き止み姿を見失うことが多い。「シリシリシリ…」という連続した鳴き声が特徴的。初夏の昼間に水田の畦で鳴くのは本種のみで他のバッタと区別しやすい。

ススキに止まって鳴くナキイナゴ(S)

バッタ目　バッタ科
■ヒナバッタ

　農地周辺などで多く生息し、水田では畦や土手などの草地でよく見られる。初夏から秋にかけて見られ、暖かい年は1月頃まで生き延びる。
＜類似種＞　本種に酷似したヒロバネヒナバッタも普通に見られる。ヒロバネヒナバッタは、後脚の関節が黒くなるが、本種は他の部分と同色（→）。

イネの葉上で見られたヒナバッタ(S)

バッタ目　オンブバッタ科
■オンブバッタ

伊那谷での呼び名：こもそう・こむそう・てんじんばった　等

　荒れ地や農地周辺に広く見られ、水田では畦や土手などの草地に多い。晩夏から秋にかけて見られる。
＜類似種＞　ショウリョウバッタやショウリョウバッタモドキなども体型が似ているが、本種ではメスがオスを背負っている場合が多いこと、小型であることなどで見分けは容易。ショウリョウバッタは乾燥した草地を好み、水田周辺ではあまり見かけない。
＜トピックス＞　イナゴ類といっしょに採取して、煮つけて食用にしたという。

背中にオスを背負うメス。オンブバッタの名の由来はこの姿にある(S)

バッタ目　キリギリス科
■ササキリ類

コバネササキリのメス。翅が短いのが特徴(K)

　堤防などの草地や水田で見られ、8月頃から秋にかけて鳴き声が聞かれる。イネの葉上で鳴いているが、姿はなかなか見つけることができない。伊那谷の水田では、コバネササキリ、ウスイロササキリ、オナガササキリの3種が観察されている。コバネササキリは名前の通り翅が短く、ウスイロササキリは翅が長い。オナガササキリはメスの産卵管が長くまっすぐである。
　ホシササキリはシバ型の背の低い草地に生息するため、水田周囲では少ない。

オナガササキリのオス。背の高い草地に多い(S)

ウスイロササキリのオス(M)

バッタ目　キリギリス科
■ヒメギス

　広く分布し、山ぎわの水田の畦で多く見られる。6月から8月頃に成虫が観察される。
＜類似種＞　近似のイブキヒメギスは、高標高地に分布し、水田の周囲にはほとんど生息していない。

全身黒褐色で、翅が短く脚が長い。写真のものは背中が緑色になる個体 (S)

バッタ目　コオロギ科
■コオロギ類

　広く分布し、畦の草むらや刈り取った草の下などに生息する。晩夏から秋にかけて成虫になるものが多く、秋鳴く虫の代表的な種が多い。エンマコオロギの「コロコロリー」と称される鳴き声は、日本の秋の風物詩である。伊那谷の水田周辺ではエンマコオロギをはじめ、タンボオカメコオロギ、ツヅレサセコオロギなどの大型種のほか、ヤチスズなどの小型の種も生息する。
＜トピックス＞　コオロギもイナゴと同様に、伊那谷の一部の地域では食用にされたようである。

ヤチスズ (M)

上：エンマコオロギ (M)
中：ツヅレサセコオロギ (M)
下：タンボオカメコオロギ (M)

バッタ目　ヒシバッタ科
■ヒシバッタ類

　広く分布し畦に多い。畦を歩くと幼虫や成虫が驚いて飛び出し、水面に落ちるのが見られる。冬季を除き通年観察される。
＜類似種＞　ヒシバッタの仲間は互いに非常によく似ており、また未記載の新種もたくさんあって、種を決めるのは非常にむずかしい。

イネにつかまるヒシバッタの一種(K)

バッタ目　ヒシバッタ科
■トゲヒシバッタ

　広く分布するが、個体数はどこでもあまり多くない。成虫で越冬するため、水田に水を入れる頃に、よく姿を見かける。泳ぎが得意で水中にも潜る。焦げ茶色で硬い体と、長い翅、胸部から左右に突き出たトゲ（→）が特徴である。

トゲヒシバッタ(M)

バッタ目　ケラ科
■ケラ

　広く分布し、水田や畑でよく見られるが、もっとも目につくのは代かきの時である。代をかくことで土中に生息していたケラが浮き上がり、水の上を泳ぎ出すため見つけやすい。また、夜間に「ジー」という低く連続した鳴き声を聞くこともある。まれに燈火にも飛来する。
＜トピックス＞　昔から親しまれてきた田んぼの虫の一つで、子どもたちは手の中を這わせて力強く進む感触を楽しんだりした。代かきで浮かんできた本種を、ムクドリなどが狙って食べる姿がよく見られる。

ケラ(K)

カマキリ目　カマキリ科
■オオカマキリ

はざの上のオオカマキリ。カマキリの仲間は顔に表情があって見ていて面白い(S)

　成虫は夏頃から秋の刈り取りの時期にかけて、イネの葉上や土手草の上、はざ木の上などでよく見られる。幼虫は春に卵からフ化するが、小さいときはあまり目につかず、初夏の頃にある程度大きくなった幼虫を目にすることが多い。
＜類似種＞　本種に似たチョウセンカマキリも生息していると思われるが、伊那谷ではオオカマキリの方が多い。

幼虫は翅がないが成虫と同じ形をしている(N)

カマキリ目　カマキリ科
■コカマキリ

　河原や人家周辺に分布する。オオカマキリより小型で体が茶色い（ごく稀に緑色の個体がいるという）。水田周辺ではオオカマキリとくらべ、見かけることは少ない。

コカマキリ。鎌状の前脚の内側に模様がある(↓)のが特徴(S)

稲作専業農家ですが、米だけ作っているわけではありません

　青島で米作りを始め15年目になりますが、自分の気持ちの持ちようもずいぶんと変わりました。何とかいい米を少しでも多く収穫したいという、ある意味せっぱつまった気持ちを超えて、米の生産にとらわれなくなってきだしたら（強がり）、おもしろいんですこれが。気にも止めない、目にも入らなかったものが明らかに見えるようになってくる。驚きの連続です。

　はじめに気がついたのは、ヒエぬきをしている時でした（現在は、深水管理でうちの田にはヒエが一本もない）。数ある田の雑草の中でもヒエ（タイヌビエ）は放っておくとイネを負かしてしまう強害草です。種を落とすと確実に何年も発芽しますし、イネにそっくりで田んぼ一面に生えてしまうとその除草には大変な時間と労力が必要になります。

　一方イネミズゾウムシは、田植え直後の苗の葉を真っ白にしてしまうまで食べ尽くし、その株元に潜ってイネの根に卵を産みつけ、フ化した幼虫は新しい根をむしゃむしゃと食べてしまいます。ひどい時には根が全く無くなるので、軽く引いただけで株が抜けてしまうほど。こうなると収穫はほとんど望めません。触ると死んだふりまでするアメリカから来たいやらしい侵入害虫です。

　ところでこのイネミズゾウムシは、イネとヒエが並んであると先ずヒエのほうから先に食べます。強害草のヒエを食べてくれるのですからこの場面ではありがたい益虫？といえるかもしれません。縦じまの白い食痕があるヒエは弱っていてイネとの見分けもつきやすくなり、手取り除草が少し楽になります。

　またヒエの立場も弁護すれば、ヒエはイネの周りに立ちはだかって我が身を捧げ、弁慶のようにイネを守っているともいえます。人間の勝手な解釈の仕方で、害と益がひっくり返ってしまうところに面白さを感じます。邪魔者を薬剤で簡単に排除していたのでは見えてこない関係であるし、草があってもいいんだよという心のゆとりが持てることとそうでないことの差は大きい。

　土手草刈りは大規模農家にとっては実は一番の重労働で夏の連日の作業は本当につらい。ましてやでっかいシマヘビを草刈機でちょんぎってしまった日にはもうすべて投げ出して寝込みたいくらい。なぜか逃げないんです。高回転の周波数が好きなのかな？

　80歳を過ぎた近所のおじいさんも、まだ現役で草刈りをするのですが、ある日自宅そばの田んぼで作業中大きなシマヘビを切ってしまったとき、すぐエンジンを止め自宅にもどって仏壇から線香を持ってきて土手に立て拝んでいました。奥さんと息子さんに先立たれたおじいさんですが、心の土台はゆるぎなく農に根ざしていて私はこのおじいさんと土手に腰掛け、話をするのが好きです。

　昨年から農作業には必ずカメラを携行するようになりました。小5の息子と小1の娘が休みのときは、できる限り田んぼに連れ出すよう努めています。子供たちとともに田んぼを体感し表現していきたいと思っています。

　　　　　（伊那市美篶　小川文昭）

●●チョウ・ガ類●●

水田の上を飛翔するモンキチョウ(S)

チョウやガの幼虫は植物食であるため、イネを食べる種もいる。イチモンジセセリやフタオビコヤガなどはイネの害虫としてよく知られている。それらの種にとっては、水田は重要な発生地の一つである。しかし、水田で見られる多くのチョウやガは、畦などの半自然草地で発生する。畦や土手はミヤマシジミやヒメシジミ、ベニモンマダラなど、減少している種の生息地になっている場合もある。

<参考図書>
○「日本動物大百科9　昆虫Ⅱ」　平凡社
○「原色日本蝶類図鑑」　保育社
○「原色蝶類検索図鑑」　北隆館
○「信州の蝶」　信濃毎日新聞社
○「辰野の蝶」　辰野町蝶類談話会
○「日本産蛾類大図鑑」　講談社
○「チョウとガの魅力」　飯田市美術博物館（美博で販売）

チョウ目　アゲハチョウ科
■キアゲハ

セリに産卵するメス(S)

ニラで吸蜜する(S)

　平地から山地まで広く分布する普通種。幼虫が水田の周辺に自生するセリを食べるため、産卵のために水田に現れる。年に二回発生し、4月から5月にかけてと、7月から9月にかけて成虫が見られる。幼虫は5月から6月頃と、8月から10月頃、セリの葉上で見られる。
＜類似種＞　アゲハ（ナミアゲハ）に似ていて一般に混同されることが多い。アゲハは幼虫がサンショウやカラタチを食べ、キアゲハはセリやニンジン、パセリなどを食べる。前翅の基部がキアゲハでは黒く染められるが(↓)、アゲハでは縞々になることで区別できる。

畦ぎわのセリを食べる中齢幼虫。体色は黒と白のツートンカラー(S)
右上：終齢幼虫では緑と黒の縞模様になる(S)

チョウ目　アゲハチョウ科
■ウスバシロチョウ

　広く分布し、個体数も多いアゲハチョウの仲間。山ぎわや段丘崖沿いの水田周辺に多く見られ、年に一度5月中旬から6月頃にかけ出現する。幼虫は畦や休耕田に生えるムラサキケマンを食べている。白い半透明の翅は他に類を見ない。緩やかにフワフワと舞い、モンシロチョウなどとは飛び方が異なる。
＜トピックス＞　水田の休耕化や農地の荒廃によってムラサキケマンの生える荒れ地が増え、一時的に数を増やしているという。

葉の裏に止まって雨宿りをする
ウスバシロチョウ(S)

チョウ目　シロチョウ科
■モンキチョウ

　公園や河川敷など開けた環境に多く見られる普通種。田んぼの畦も生息地の一つ。春から秋まで、3回から4回ほど発生を繰り返す。幼虫はクローバーやレンゲなどのマメ科を食べる。オスは黄色、メスは白と黄色の二型がある。
＜類似種＞　白いメスはモンシロチョウなどと混同されやすい。白い型も黄色の型も、後翅裏面の中央部に白斑（↑）がある。

飛翔中の白いメスと黄色のオス(S) 　　　　ヒメジョオンで吸蜜するモンキチョウ(S)

チョウ目　シロチョウ科
■スジグロシロチョウ

　広く分布する普通種。4月頃から10月頃まで数回発生を繰り返す。幼虫はイヌガラシなどのアブラナ科の植物を食べる。
＜類似種＞　白い蝶はみんなモンシロチョウだと思われている節があるが、モンシロチョウ、スジグロシロチョウ、エゾスジグロシロチョウの3種が伊那谷には普通に生息している。エゾスジグロシロチョウはスジグロシロチョウに酷似し、同定は極めて難しいが、森林的環境を好む傾向があり、水田周辺ではスジグロシロチョウの方が優勢である。飛翔中はモンシロチョウとも区別しがたい。モンシロチョウは餌となるキャベツやダイコンなどの植わった畑地周辺で多く見られる。

上：畦に咲いたノアザミの花を訪れたスジグロシロチョウ(S)

下：クモにつかまったモンシロチョウ(S)

チョウ目　シジミチョウ科
■ベニシジミ

低温型（春や秋）は美しいオレンジ色をしている(T)　　高温型（夏季）は黒くなる(S)

　3月頃から飛び始め、秋まで見られる普通種。草地に生息し水田の畦も生息地となっている。個体数も多くよく見られる。幼虫は畦などに生えるスイバやギシギシを食べる。明るいオレンジ色の翅が特徴だが、夏の高温期に現れる個体は、オレンジ色の部分が少なく黒っぽくなる。

チョウ目　シジミチョウ科
■ツバメシジミ

　草地に広く生息する普通種。水田では畦に生息し、4月頃から9月頃まで見られる。幼虫はクローバーなどのマメ科植物を食べる。後翅の赤斑紋と細い尾状突起（↓）が特徴。オスの翅表（翅を開いた面）は美しい青色。メスの翅表は黒い（低温期の個体は薄く青色を呈するものもある）。

交尾中のツバメシジミ(S)

チョウ目　シジミチョウ科
■ヤマトシジミ

　家の周囲などに生息する普通種。春から秋にかけて発生を繰り返すが、徐々に個体数を増す傾向があり、秋によく目にするようになる。幼虫は畦や道路脇にはえるカタバミを食べる。

ヤマトシジミ(S)

チョウ目　シジミチョウ科
■ヒメシジミ

　分布は非連続で特に下伊那地方では生息地は局限される。上伊那地方では山沿いの水田の畦で観察される。年に一度6月中旬から7月中旬に発生する。幼虫はヨモギなどを食べる。オスの翅表は青く、メスは褐色。
＜類似種＞　ミヤマシジミと似るが混生している場所は少ない。
＜トピックス＞　環境省レッドリストで準絶滅危惧、長野県レッドリストで留意種にランクされている。

交尾中のヒメシジミ(S)

チョウ目　シジミチョウ科
■ミヤマシジミ

　伊那谷での分布は非連続で、現在の生息の中心は河川敷である。かつては水田の畦にも広く分布していたようだが、圃場整備や開発などの影響で見られる場所は限られるようになった。5月頃から10月頃まで数回発生を繰り返す。幼虫はコマツナギのみを食べる。オスの翅表は青く、メスは褐色。
＜類似種＞　ヒメシジミに似るが後翅のオレンジ色の縁に青い部分が現れるのが本種の特徴。
＜トピックス＞　環境省レッドリストで絶滅危惧Ⅱ類、長野県レッドリストで準絶滅危惧にランクされている。

ミヤマシジミのメス(S)

チョウ目　タテハチョウ科
■ヒョウモンチョウ類

アカツメクサを訪れたウラギンヒョウモン(H)

　水田の土手などで、6月頃から10月頃まで観察される。特に6月から7月と9月から10月によく見られる。畦に咲く、アザミやオカトラノオなどで吸蜜する。幼虫はスミレ類を食べる。
　伊那谷の水田周辺では、ウラギンヒョウモン、クモガタヒョウモン、ミドリヒョウモン、メスグロヒョウモン、ツマグロヒョウモンの5種を見ることが多い。ヒョウモンチョウ、ウラギンスジヒョウモン、オオウラギンスジヒョウモンなども分布している。
＜トピックス＞　ヒョウモンチョウは減少しており、環境省レッドリストで準絶滅危惧、長野県レッドリストで留意種にランクされている。

オカトラノオで吸蜜するメスグロヒョウモンのメス。ヒョウモンチョウの仲間では本種のメスのみ黒くて特徴的(S)

クモガタヒョウモン。後翅裏面に模様がほとんど無いのが特徴(T)

オカトラノオに集まるヒョウモンチョウ類(S)

チョウ目　タテハチョウ科
■アカタテハ

　広く分布し、成虫越冬した個体は3月頃から見られるようになる。秋まで断続的に成虫が見られる。幼虫は畦などに生えるカラムシなどのイラクサ科の葉を半分に折ったような巣を作り、この巣は目立ち見つけやすい。

アカタテハ(Iha)

チョウ目　タテハチョウ科
■ヒメアカタテハ

　広く分布し、夏以降によく見られるようになる。幼虫はヨモギやハハコグサなどキク科の葉をつづって巣を作る。畦などでも発生する。
＜類似種＞　アカタテハと似ているが、後翅表面の斑紋などが異なることなどで区別できる。

ヒメアカタテハ(S)

チョウ目　タテハチョウ科
■キタテハ

　広く分布する。成虫で冬を越した個体は3月頃から見られるようになり、初夏と晩夏に2回発生する。幼虫は荒れ地に生えるツル植物のカナムグラを食べる。
＜類似種＞　本種に酷似したシータテハも伊那谷には分布するが、森林性で水田で見られることは少ない。

キタテハ(S)

チョウ目　タテハチョウ科
■ルリタテハ

　広く分布する。成虫で冬を越した個体は3月頃から見られるようになり、キタテハなどと同様初夏と晩夏に2回発生を繰り返す。幼虫はホトトギスやサルマメを食べる。

ルリタテハ(S)

チョウ目　ジャノメチョウ科
■ヒメウラナミジャノメ

ヒメウラナミジャノメ。翅を開いたところ（表面）(S)　翅を閉じたところ（裏面）(T)

　路傍などの草地で見られる普通種。水田の畦ではベニシジミ、モンキチョウと並んでもっともよく見かけるチョウ。5月中旬頃から9月頃まで見られる。幼虫はイネ科の雑草を食べる。裏面は茶色と白の細かな波模様の地に、目玉模様が並ぶ。

チョウ目　ジャノメチョウ科
■ヒメジャノメ

　広く分布し、初夏から9月頃まで見られる。幼虫はイネ科植物を食べ、イネも食べることがあるが、被害が出るほどではない。
＜類似種＞　本種に酷似したコジャノメも分布するが、地色は暗い黒褐色。森林性で水田に現れることはほとんど無い。

イネの葉に止まったヒメジャノメ(S)

チョウ目　ジャノメチョウ科
■ジャノメチョウ

　広く分布し、背の高い草地を好む。7月頃から8月頃に見られる。比較的大型のジャノメチョウで、メスは特に大きい。目玉模様の中心が水色で目立つ。

ジャノメチョウのメス(S)

築地書館ニュース [自然・科学と環境]

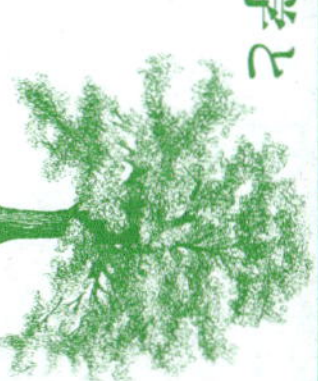

TSUKIJI-SHOKAN News Letter

〒104-0045 東京都中央区築地7-4-4-201　TEL 03-3542-3731　FAX 03-3541-5799

- ホームページ http://www.tsukiji-shokan.co.jp/
- ご注文は、お近くの書店または直接上記宛先まで（発送料200円）

《森林と環境》

樹木学
トーマス[著]　熊崎実＋浅川澄彦＋須藤彰司[訳]　●4刷　3600円＋税

樹木についてのあらゆる側面を、わかりやすく紹介した、樹木の自然誌。

日本人はどのように森をつくってきたのか
タットマン[著]　熊崎実[訳]　●3刷　2900円＋税

膨大な木材需要にも関わらず、豊かな森林の残った理由を、古代から徳川末期までの資料をもとに明らかにする。

森なしには生きられない
ヘルマンド[編著]　山縣光晶[訳]　●2刷　2500円＋税

ヨーロッパの森林や田園風景の美しさの背景を解き明かす、自然美とエコロジーの文化史。

バイオマス産業社会
「生物資源（バイオマス）利用の基礎知識」
原後雄太＋泊みゆき[著]　●2刷　2800円＋税

バイオマス利用についての包括的なガイドブック。

生態工学の基礎
シビデール[著]　伊藤真吉＋マチー[訳]　4800円＋税

生きた植物で法面を保全する工法や木材等の無機素材を用いた原種保全工事などについて詳述する。

脊椎動物の進化［原著第5版］
コルバート＋モラレス＋ミンコフ[著]　田隅本生[訳]　1万8000円＋税

脊椎動物の5億年にわたる進化の歴史を最新の化石情報を含めて記述した名著の最新改訂版。

《化石・古生物》

日本の化石800選
産地別
日本化石集友会[著]　大八木和久[著]　3800円＋税

ストラトタイプとして通用した名著の最新改訂版。

日本の化石650選
産地別
日本化石集友会[著]　3800円＋税

《生き物》

緑のダム
森林・河川・水循環・防災
蔵治光一郎＋保屋野初子[編]　2600円＋税

情報的に語られてきた「緑のダム」を第一線の研究者、行政担当者、住民、ジャーナリストが、あらゆる角度から科学的に検証する。●2刷

遺伝学でわかった生き物のふしぎ
エイベリス[著]　屋代通子[訳]　2800円＋税

最先端の分子生物学で読みほぐすように解きほぐされた生き物の不思議。

犬の科学 ほんとうの性格・行動・歴史を知る
ブディアンスキー[著]　渡植貞一郎[訳]　●2刷　2400円＋税

人がこんなに魅了されるのは、人を欺くのは、92のストーリーで明快に答える。最新生物学が明かす、犬のせいで……それとも？

ぼくはゴリラ
伊東祐朔[写真と文]　1600円＋税

絶滅の危機にある野生のゴリラの貴重な写真がいっぱい！

サメのおちんちんはふたつ
ふしぎなサメの世界
仲谷一宏[著]　●2刷　1900円＋税

サメ研究の第一人者が書き下ろしたサメの生態学入門。

動物と人間の歴史
江口保暢[著]　2400円＋税

野生の動物と人間が出会ってから、どのような文化が生まれたのか。

《サイエンス・ノンフィクション》

マリアナの科学
アイヴァーセン[著]　伊藤慶子[訳]　3000円＋税

マリアナ論争にピリオド！大阪を科学的にあくなき分析。

メディシン・クエスト
プロトキン[著]　屋代通子[訳]　2400円＋税

新薬発見のあくなき探究

《農業関連の本》

「ただの虫」を無視しない農業
生物多様性管理
桐谷圭治［著］　2400円＋税　●2刷
減農薬、天敵などの手段で害虫を管理するだけではなく、自然環境の保護・保全までを見据えた21世紀の農業のあり方・手法を解説。

農を守って水を守る
新しい地下水の社会学
柴崎達雄［編著］　1800円＋税
人口100万人の熊本・都市圏の水をまかなう地下水。そのメカニズムを水文学、地下水学、史、社会経済学など多方面から解き明かす。

《生物多様性》

自然再生事業
生物多様性の回復をめざして
鷲谷いづみ＋草刈秀紀［編］　2800円＋税　●2刷
自然再生とはどのようにあるべきか、NGOの実践事例や行政担当者などが現場から報告。

移入・外来・侵入種
生物多様性を脅かすもの
川道美枝子＋岩槻邦男＋堂本暁子［編］　2800円＋税　●2刷
何が移入されているのか、最新のデータをもとに報告。

温暖化に追われる生き物たち
生物多様性からの視点
堂本暁子＋岩槻邦男［編］　3000円＋税　●4刷
地球温暖化が何を起こすのか、フィールドの最前線からの報告。

《自動車と環境》

「百姓仕事」が自然をつくる
2400年めの赤トンボ
宇根豊［著］　1600円＋税　●3刷
日本の原風景をつくりだす百姓仕事の心地よさと面白さを語りつくす。

SUVが世界を轢きつぶす
世界一危険なクルマが売れるわけ
ブラッドシャー［著］ 片岡夏実［訳］　3200円＋税
メーカーはSUVを人格破たん者だと思っている。北米で社会現象を引き起こした告発ルポ大作！

疾れ！電気自動車
電気自動車EV vs. 燃料電池車FCV
舩瀬俊介［著］　2000円＋税
21世紀の日本産業界の柱となる電気自動車を徹底取材。

《ごみ問題》

ごみを燃やす社会
ごみ焼却はなぜ危険か
山本節子［著］　2400円＋税
各自治体の安くて安全な焼却をしないごみ政策を取材・解説。

ごみ処理広域化計画
地方分権と行政の民営化
山本節子［著］　2400円＋税
市町村が道面する廃棄物行政の大転換。

ゴミポリシー
燃やさないごみ政策
ゼロ・ウェイスト・ジャパン［訳］　2800円＋税　●2刷
欧米の先進事例をもとに低コストで安全なごみ政策を提言。

《フィールドガイド》

《フィールドガイド 日本の火山》

《日曜の地学シリーズ》

《環境問題》

環境税 税財政改革と持続可能な福祉社会
足立治郎［著］　2400円＋税
市民のための「環境税」実現への道筋と解説の決定版。

生ておいしい水道水 ナチュラルフィルターによる遠淺水の避技術
中本信夫［著］　2000円＋税　●3刷
安く、おいしく、安全な「水道水」復活の技術を解説。

自然エネルギー市場
新しいエネルギー社会のすがた
飯田哲也［編］　2800円＋税
自然エネルギーの全貌と最前線がわかる。

価格は、本体価格を表示（別途、消費税がかかります）。ご請求は小社営業部（tel 03-3542-3731／fax 03-3541-5799）まで。

総合図書目録進呈します。

チョウ目　セセリチョウ科
■イチモンジセセリ

穂に止まったイチモンジセセリ(K)

　幼虫は「イネツトムシ」と呼ばれイネの害虫の一つ。成虫は6月頃から見られ、夏から秋にかけて個体数が増加する。幼虫はイネの葉をつづるため、よく目につく。長野県での越冬は確認されておらず、毎年暖かい地域から飛来して水田で発生を繰返すと考えられている。
＜類似種＞　チャバネセセリ、オオチャバネセセリ、ミヤマチャバネセセリの3種は本種に酷似しているが、裏面の白斑紋の形状（↑）が異なる。水田では本種の数が圧倒的に多い。

イチモンジセセリの幼虫、イネツトムシ(H)

チョウ目　ヤガ科
■フタオビコヤガ

　幼虫は「イネアオムシ」という名で知られている、イネの葉を食う害虫。伊那谷では害虫化するほどは、多くないように思われる。

成虫の標本(S)

フタオビコヤガの幼虫、イネアオムシ(H)

水田周辺で見られた昼行性ガ類
①マドガ(S) ②カノコガ(O) ③ツメクサガ(S) ④ベニモンマダラ(S) ⑤シロヒトリ成虫(N) ⑥シロヒトリ幼虫(S) その他イネの名を冠したイネヨトウやイネキンウワバなども水田周辺に生息するが、夜行性で目につきにくい

●●ハチ・ハエ類ほか●●

水面に浮かぶミズアブ類の幼虫（S）

　ハチ類では水田で見られる大型種は多くないが、寄生性のヒメバチ類はきちんと調査すればさらに多くの種が見つかると考えられ、害虫の天敵として重要な役割を担っているものと思われる。
　ハエ類では特にユスリカ類は発生量が膨大で、水田生態系のなかで重要な位置を占めていると思われる。ガガンボ類ではキリウジガガンボのように害虫となっているものもいる。
　ハチやハエ類は小型の種が多く種の同定が容易でないため、害虫を除くと調査が遅れている。

＜参考図書＞
○「日本動物大百科9　昆虫Ⅱ・10　昆虫Ⅲ」　平凡社
○「原色図鑑　野外の毒虫と不快な虫」　全国農村教育協会
○「原色日本昆虫図鑑（下）」　保育社
○「原色昆虫大図鑑Ⅲ」　北隆館

ハエ目　ユスリカ科
■ユスリカ類

ユスリカの一種(S)

上：ユスリカの幼虫（アカムシ）(K)
下：幼虫の潜む筒状のケース(S)

　伊那谷の水田に生息する種類は未調査であるが、複数の種が含まれている。成虫は早春から秋にかけてよく見られる。幼虫は水のある期間を通して観察される。一部の種の幼虫はアカムシと呼ばれ、水田の泥の中に生息し、筒状のケースを作って生活する。成虫は水田の上空などで蚊柱を作る。ユスリカ類はカとは異なり吸血はしない。

ハエ目　カ科
■カ類

カ類の幼虫（ボウフラ）(K)

　伊那谷の水田に生息する種類は未調査。幼虫であるボウフラが、水中で観察される。成虫は吸血昆虫として有名であるが、血を吸うのはメスのみである。

ハエ目　ガガンボ科
■ガガンボ類

ガガンボの一種(S)

　伊那谷の水田に生息する種類は未調査。キリウジガガンボの幼虫は、イネの根を食べる害虫として有名である。

ハエ目　ヤチバエ科
■ヒゲナガヤチバエ

ヒゲナガヤチバエ(S)

　成虫は６月頃イネの葉上でよく目につく。幼虫は淡水性貝類を餌として育つという。細い体とキツネのような顔が特徴。

ハエ目　ケバエ科
■ケバエ類

交尾虫のケバエの一種(K)

　成虫は４月から５月頃、水田周辺で多数見られ、弱々しく飛翔したり、土手の草の上に静止する姿が観察される。幼虫は土中などで育つという。

ハエ目　ハナアブ科
■ハナアブ類

　様々な環境に適応しているが、水田周囲では、ナミハナアブ、シマハナアブ、ホソヒラタアブなどがよく見られる。ナミハナアブなどの幼虫は水中で有機物を食べ、ヒラタアブ類の幼虫は肉食でアブラムシなどを食べている。ハナアブ類の成虫は花の蜜などを餌にしており、人を刺すことはない。
　＜類似種＞　ハナアブと近縁ではないが、アブ科のシロフアブやウシアブなどの幼虫は、水田の泥の中や畦の土中などに生息している。肉食で、水田に素足で入ると幼虫にかみつかれることがあるという。喬木村では、「田の泥の中にはタンボムカデというものがいて足をかむ」という話を聞いたことがあるが、シロフアブなどの幼虫のことかもしれない。アブ類は成虫も人を刺す。
　ウンカやヨコバイなどに寄生するアタマアブ類（アタマアブ科）も水田でよく見られ、益虫として注目されている。

交尾中のナミハナアブ(S)

ナミハナアブなどの幼虫は有機物の多い水中に生息し、水田でも見られる。尾っぽのような長い呼吸管を持つのが特徴(S)

アミメカゲロウ目　ツノトンボ科
■キバネツノトンボ

キバネツノトンボ。黄色みがかった翅と長い触角が特徴(S)

　伊那谷での分布は局所的で、河川敷や農地周辺に生息している。山ぎわの水田の畦で見られる場合があるが、生息地は限られている。5月から6月の短い期間だけ成虫が出現し、草地の上を飛翔する姿が見られる。飛翔中は黄色い翅がよく目立ち、小刻みに翅をふるわし直線的にすごいスピードで飛ぶため、飛んでいるところは機械的な雰囲気がある。トンボに似た体型をしており、しばしばトンボの仲間に間違われるが、ツノトンボという名前のとおり、長い触角を持っていることでトンボの仲間ではないことがわかる。

アミメカゲロウ目　ヘビトンボ科
■ヘビトンボ

　河川に広く生息している。河川から直接水を取水している水田へは水路を通じて入ってくることがある。このような水田では、本種のほかに流水性の水生昆虫が見られることがある。ヘビトンボの幼虫は通年観察されるが、成虫は初夏から夏に見られ、燈火などに飛来する。
　<トピックス>　幼虫は「まごたろう」と呼ばれ、薬用や食用にされる。味はよいという。

水田内で見られたヘビトンボの幼虫(S)

カゲロウ目　コカゲロウ科
■フタバカゲロウ

フタバカゲロウの幼虫。水田で多数発生する(K)

　水たまりや水田、プールなどの止水域に数多く生息するカゲロウ。水田では6月頃から幼虫が目立つようになり、冬場も水たまりなどで幼虫が見つかる。

＜類似種＞　イトトンボのヤゴと少し似ているが触角が長く頭が小さいこと、また本種では腹部側面にエラがあり目立つので、ヤゴとは区別できる。

シリアゲムシ目　シリアゲムシ科
■シリアゲムシ類

プライアシリアゲ(K)

ヤマトシリアゲのオス(T)

　伊那谷には何種かのシリアゲムシ類が分布しているが、水田周辺の林に近いようなところで、プライアシリアゲやヤマトシリアゲなどがよく見られる。オスは腹部の先端を上に巻き上げ、その先はハサミ状に特化している。

119

クモ目　コモリグモ科
■コモリグモ類

背中に子グモを背負ったコモリグモの一種(K)

　コモリグモ類は農地周辺や草地にたくさん生息する、徘徊性のクモである。水田周辺にも多数生息し、冬でも暖かい日は活動している。もっともよく目につくのは代かきの時で、水の上を走るようにして畦へ避難するたくさんの個体が見られることがある。水田ではキバラコモリグモやウヅキコモリグモなど複数の種が見られるが、伊那谷での水田のコモリグモ相は把握できていない。

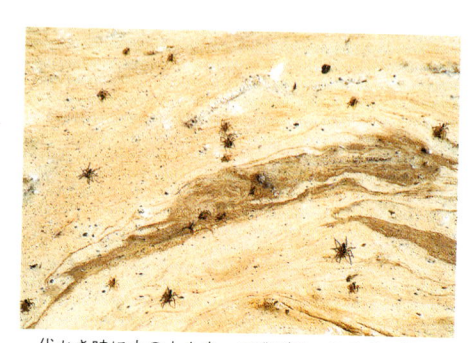

代かき時に水の上を走って逃げるコモリグモ類(O)

卵のうを腹部につけて保護するキバラコモリグモ(S)

ウヅキコモリグモ(S)

クモ目　キシダグモ科
■スジブトハシリグモ

水面を歩くスジブトハシリグモ(K)

　広く分布し、初夏から秋にかけて水田やその周辺で観察される。大型で頭胸部と腹部背面の白線が目立つのが特徴。水面を走りよく目につく。体色は薄い褐色から、焦げ茶色まで変異がある。
＜類似種＞　イオウイロハシリグモも水田で見られるが少ない。

オタマジャクシを捕まえたイオウイロハシリグモ(T)

スジブトハシリグモ(S)

クモ目　コガネグモ科
■ナガコガネグモ

ナガコガネグモは田んぼでもっとも普通に見られるクモの一つ。かくれ帯（↑）は直線状(S)

　広く分布し、初夏から秋まで、水田で多く見られる。イネを寄せ集めて網を張るため、遠目にもよくわかる。7月頃からイネを寄せ集めるようにして張った網が目立つようになる。成体になると網の中央に直線状の「かくれ帯」（↑）をつくる。
＜類似種＞　ジョロウグモは腹部背面の模様が異なり、水田ではほとんど見られず建物などに大型の複雑な網を張る。コガネグモは腹部背面の縞模様が太く、少ない。チュウガタコガネグモも分布しているが、腹部背面の斑紋が異なる。

イネの葉を寄せて作った網(S)

腹部背面の模様が異なるコガネグモ。「かくれ帯」はX型をしたものを作る(S)

たくさんの赤トンボがつかまった(S)

クモ目　コガネグモ科
■ナカムラオニグモ

ナカムラオニグモ(K)

　水田で非常に多く見られるクモ。夏から秋にかけて、円形の巣の端にイネの葉先を折り曲げるようにして隠れ家をつくり、その中に潜んでいる。白と茶色の腹部背面が特徴。

イネの葉をたたんで
隠れ家を作り潜む(S)

クモ目　アシナガグモ科
■アシナガグモ類

　水田のイネの葉上でよく見られるクモである。伊那谷の水田にはヤサガタアシナガグモやトガリアシナガグモなど複数の種が生息している。名前の通り足も体も細長いクモで、草の間に水平円網を張る。

細長い体と手足が特徴的な
アシナガグモの一種(K)

水田周辺で見られたクモ類
①ネコハエトリ(K)　②カラカニグモのメス(S)　③ハナグモ(K)　④フノジグモ(K)　⑤カラカニグモのオス(K)　⑥フクログモの一種(K)

●● 水生節足動物類 ●●

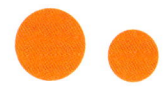

ホウネンエビのオス。口元のヒゲが大きいのがオスの特徴(K)

　ホウネンエビやカブトエビは水田に生息する変わった形の生き物として有名である。卵が極めて乾燥に強く、乾田のような一時水域に良く適応している。ミジンコ類も水が入ると爆発的に増殖し、食物連鎖の底辺を支えているものとして、水田生態系の中で重要な位置を占めている。

＜参考図書＞
○「日本動物大百科7　無脊椎動物」　平凡社
○「長野県魚貝図鑑」　信濃毎日新聞社
○「日本淡水生物学」　北隆館
○「日本淡水プランクトン図鑑」　保育社
○「生きている化石（トリオップス）― カブトエビのすべて」　八坂書房

ミジンコ綱　ホウネンエビ目
■ホウネンエビ
伊那谷での呼び名：まぐそきんぎょ・むぎわらきんぎょ 等

逆さになって泳ぐメス。腹部に卵が見える(S)

　水田に広く生息しているが、発生する場所は決まっていて、どこの水田でも見られるという種ではない。6月頃姿が目立つようになり、7月には姿を消すため、観察できる期間は短い。上向きになって鰓脚を動かして泳ぐ。個体差はあるが、鰓脚は黄緑色で、尾がオレンジ色をしており美しい。

水田の中を泳ぐホウネンエビ(S)

ミジンコ綱　ミジンコ目
■ミジンコ類

　田植えをして少したつと、爆発的に発生する。有機物の多い水田に数多く発生する。水田には複数の種が生息しているが、伊那谷の水田にどんな種が生息するのかは調査できていない。
＜類似種＞　貝形虫とも呼ばれるカイミジンコ類（アゴアシ綱カイミジンコ目）も水田では多く見られる。二枚貝のような殻を持っている。

餌に集まるカイミジンコの一種(O)

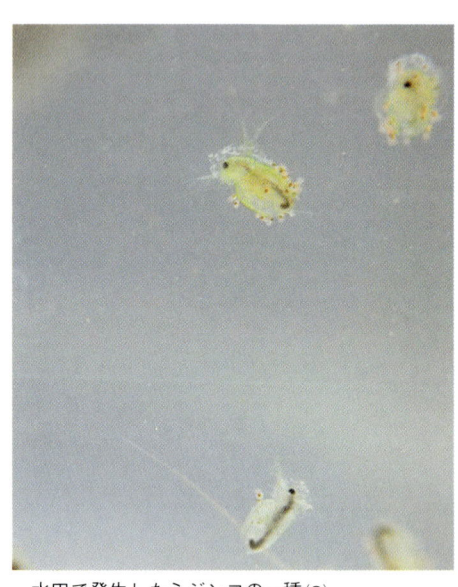

水田で発生したミジンコの一種(S)

ミジンコ綱　カブトエビ目
■アメリカカブトエビ

逆さ向きで泳ぐアメリカカブトエビ(S)　　泥の上に静止中の個体(K)

　分布は局所的。飯田市周辺での観察記録が多く、生息は平坦部の水田に限られるようだ。毎年同じ水田で発生し、6月から7月に見られる。日本には、アメリカカブトエビ、アジアカブトエビ、ヨーロッパカブトエビの3種が分布している。伊那谷で見られるものはアメリカカブトエビとされている。カブトガニや三葉虫を彷彿とさせる独特の形態で、水田の泥面を這ったり、水面近くを赤褐色の鰓脚を動かしながら泳いだりする。

水田では逆さ向きに泳いでいるのを見かける(S)

エビ綱　エビ目　サワガニ科
■サワガニ

　流水で水のきれいな沢や水路に生息する。水田は生息地ではないが、山ぎわや段丘崖沿いでは水路を伝って入ってきたり、畦で見られたりする。伊那谷には他にカニ類は生息せず、見間違える種はいない。

水田に現れたサワガニ(H)

エビ綱　エビ目　アメリカザリガニ科
■アメリカザリガニ

アメリカザリガニ(S)

　伊那谷では下伊那の天竜川沿いの水田や水路、溜池などに分布する。大型の個体は赤くなるが、小型の個体は褐色で赤みが少ない。大きなハサミが特徴的。

＜トピックス＞　北アメリカから輸入された帰化種である。伊那谷では気候や地形の影響か、分布は局所的である。

エビ綱　ワラジムシ目　ミズムシ科
■ミズムシ

　有機物の多い溝などに生息し、水田の中ではあまり見られない。生息する場所での個体数は多い。陸上に住むワラジムシと同じ仲間で、形もよく似ている。メスは腹部に卵をかかえ、フ化して子虫になるまで保護する。

ミズムシ(K)

●● 貝類ほか ●●

落水のあと、水のたまった場所に集まってきたタニシ類(S)

　タニシ類やヒメモノアラガイ、ヒラマキミズマイマイなどは、水田を主要な生息地としている。これらの種は比較的乾燥に強いが、冬季に完全に乾燥してしまうような水田には生息できない。構造改善による乾田の増加で、生息できる水田は限られるようになってしまった。
　水田に生息する小型貝類はヘイケボタルやコオイムシの重要な餌となっている。また、タニシ類は食用としても利用される。

＜参考図書＞
○「日本動物大百科7　無脊椎動物」　平凡社
○「日本産淡水貝類図鑑　①琵琶湖・淀川産の淡水貝類」　ピーシーズ
○「長野県魚貝図鑑」　信濃毎日新聞社
○「川の生物図典」　山海堂

新紐舌目　タニシ科
■タニシ類
伊那谷での呼び名：つぶ・つぼ 等

　水田や溜池に広く分布し、通年観察できる。冬季に完全に乾燥する場所では越冬できないため、生息できる水田は限られる。伊那谷の水田にはオオタニシ、マルタニシ、ヒメタニシの3種類が分布している。
＜トピックス＞　タニシ類を伊那谷では「つぼ」とか「つぶ」と呼び、食用にしてきた。今でも溜池の管理に合わせて採取し、食卓に供している地域もある。妊婦が「つぼ」を食べると、目の大きい子供が生まれるという言い伝えもある。タニシ類は味が良く好まれる。
　マルタニシは環境省、長野県両方のレッドリストで準絶滅危惧にランクされている。

ドロの上をはい回るオオタニシ(S)

基眼目　モノアラガイ科
■ヒメモノアラガイ

　水田などに広く分布し、場所によって非常に多くの個体が見られる。水の表面張力を利用して水面を逆さまになって移動していく姿も観察されている。
＜類似種＞　伊那谷の水田ではサカマキガイ(サカマキガイ科)、モノアラガイなども生息している。サカマキガイとは巻き方向の違い、モノアラガイとは貝殻の形状で区別できる。また、非常に稀であるがナガオカモノアラガイ、コシダカヒメモノアラガイも伊那谷で見つかっている。
＜トピックス＞　ヘイケボタルやコオイムシの重要な餌の一つになっていると考えられる。

ヒメモノアラガイ(S)

モノアラガイ(K)

水面に張りつくように移動する個体(S)

新紐舌目　カワニナ科
■カワニナ

　縦長の巻き貝で、水路や河川に広く分布している。水田内で見られることは少ない。通年観察される。
＜類似種＞　塩尻市などでは、殻にヒダの多いチリメンカワニナの生息が確認されている。
＜トピックス＞　ゲンジボタルの餌として重要である。

カワニナ(I)

基眼目　ヒラマキガイ科
■ヒラマキミズマイマイ

　平たい巻き貝で広く分布し個体数も多い。通年見られ、水のない時期は湿った土中から発見される。
＜類似種＞　酷似したヒラマキガイモドキも生息するが少ない。ヒラマキガイモドキは殻の一方が膨らんで横から見るとマンジュウ型をしている。

ヒラマキミズマイマイ(K)

マルスダレガイ目　ドブシジミ科
■ドブシジミ

　殻の長さが8mm程度の小型の二枚貝。殻の色は乳白色。広く分布する。
＜類似種＞　マメシジミと似るが、より大きくちょうつがいの位置が本種では殻の中央に位置する。大型のマシジミ（シジミ科）は主として水路など流水の泥土の中に生息する。

ドブシジミ(K)

マルスダレガイ目　マメシジミ科
■マメシジミ

　非常に小型で2mm程度の二枚貝。ちょうつがいの位置が端に寄るのが特徴。
＜類似種＞　近似のニホンマメシジミとの見分けは困難であるが、ニホンマメシジミは標高の高いところの湿地や沼に生息する。水田ではマメシジミのみ生息が確認されている。

マメシジミ(S)

ヒル綱　顎蛭目（がくしつ）　ヒルド科
■チスイビル　伊那谷での呼び名：ひいろ・ひいる・ひるんべ（すべてヒル類の総称）等

泳ぐチスイビル(O)

　水田に広く分布し、湿田で多く見られる。水を入れた頃から8月頃まで観察される。体色は緑色で、黄色い線がある。人からも吸血する。
＜類似種＞　全身が緑褐色のヒルの一種も水田ではよく見られる。ウマビルはまれに見られ、極めて大型。

ヒルの一種(S)

貧毛綱　近生殖門目　イトミミズ科
■ミミズ類

　水田では、イトミミズ類やエラミミズなどが泥の中から見つかる。イトミミズ類は個体数が極めて多いが、伊那谷の水田にどの様な種が生息しているかは、調査されていない。エラミミズは、長さ5cmほどのミミズで、名前の通りエラがある。

エラミミズ(O)

■主な参考文献（各分類群の中表紙に参考図書として紹介しなかったもののみ）

秋山幸也・松橋利光，2004，アマガエルのヒミツ．山と渓谷社

新井裕・加納一信・喜多英人・小林文雄・村林和男，2000，トンボウオッチングガイド．むさしの里山研究会．

市川憲平，2002，ゲンゴロウの減少要因について．ため池の自然，36：9-15．

上田哲行，1993，山へ上るアキアカネ，上らないアキアカネ　アキアカネの生活史における諸問題1．インセクタリウム，30(9)：292-299．

上田哲行，1993，山へ上るアキアカネ，上らないアキアカネ　アキアカネの生活史における諸問題2．インセクタリウム，30(10)：346-355．

内山りゅう・前田憲男・沼田研児・関慎太郎，2002，決定版日本の両生爬虫類．平凡社．

宇根豊・日鷹一雅・赤松富仁，1989，減農薬のための田の虫図鑑．農山漁村文化協会．

宇根豊，2001，「百姓仕事」が自然をつくる．築地書館．

江崎保男・田中哲夫編，1998，水辺環境の保全－生物群集の視点から－．朝倉書店．

小澤祥司，2000，メダカが消える日．岩波書店

鹿児島の自然を記録する会編，2002，川の生き物図鑑．南方新社．

神奈川県立生命の星・地球博物館編，2003，かながわの自然図鑑③哺乳類．有隣堂．

株式会社環境アセスメントセンター編，1998，南信濃村動物誌　遠山郷に生きるどうぶつたち．南信濃村教育委員会．

株式会社中部環境緑化センター編，1979，中央アルプス太田切川流域の自然と文化総合学術調査報告書．株式会社中部環境緑化センター．

桐谷圭治，「ただの虫」を無視しない農業．築地書館．

氣賀澤和男編，1985，原色図鑑土壌害虫．全国農村教育協会．

小山英智・松山史郎，1996，自然観察事典7ギンヤンマ．偕成社．

滋賀県小中学校教育研究会理科部会編，1991，滋賀の水生昆虫．新学社．

滋賀自然環境研究会編，2001，滋賀の田園の生き物．サンライズ出版．

澤畠拓夫・元木達也・久保田憲昭，2001，長野県におけるダルマガエルの新分布地域について．爬虫両棲類学会報，2001(2)：63-65．

下山良平，2000，ダルマガエルとトノサマガエルの繁殖生態と種間関係．両生類誌，4：1-5．

信州昆虫学会編，1977，長野県のトンボ．信濃教育会出版部．

菅原寛，2000，田んぼのカヤネズミ．伊那谷の自然，87：14．

杉村光俊・石田昇三・小島圭三・石田勝義・青木典司，1999，原色日本トンボ幼虫・成虫大図鑑．北海道大学図書刊行会．

鈴木圭太・大窪久美子・澤畠拓夫，2002，長野県伊那盆地におけるダルマガエルの生息状況とカエル類生息地としての水田の現状．ランドスケープ研究65(5)：517-522．

橋爪秀博，1994，タガメのすべて．トンボ出版．

日鷹一雅，1994，「ただの虫」なれど「ただならぬ虫」1．インセクタリウム，31(8)：240-245．

日鷹一雅，1994，「ただの虫」なれど「ただならぬ虫」2．インセクタリウム，31(9)：294-320．

守山弘，1997，水田を守るとはどういうことか．農山漁村文化協会．

矢野宏二，2002，水田の昆虫誌．東海大学出版会．

■ 索引（太字は項目のページを表している）

<ア～オ>

アイガモ……………………20
アオイトトンボ……………68
アオオサムシ………………93
アオゴミムシ………………93
アオサギ………………18, 19
あおだ………………………30
アオダイショウ……………30
あおな………………………30
アオバアリガタハネカクシ…94
あおむけちょっか…………75
あかがえる…………………36
アカタテハ…………………109
アカネズミ…………………13
アカムシ……………………116
アキアカネ…………50, 51, 59, 70
アゲハ………………………104
アシナガグモ類……………125
アシナガバチ類……………114
アシブトコバチ類…………114
アズマヒキガエル…………43
アズマモグラ………………12
アタマアブ類………………117
アナグマ……………………14
アブラコウモリ……………12
アマガエル…………33, 34, 35, 44
アマサギ………………17, 18
アメリカカブトエビ………129
アメリカザリガニ…………130
アメンボ……………………77
あわしょい…………………74
イオウイロハシリグモ……123
イシガメ……………………32
イタチ………………………13
イチモンジセセリ…………111
イトアメンボ………………78
イトミミズ類………………134
いなご………………………96
イナゴモドキ………………96
イネアオムシ………………111
イネクビボソハムシ………92
イネツトムシ………………111
イネミズゾウムシ…………91
イノシシ……………………14

イブキヒメギス……………99
いぼがえる…………………42
いぼひきた…………………43
イモリ………………………43
イワツバメ…………………22
うきす………………………46
うけす………………………46
ウシアブ……………………117
ウシガエル…………………42
ウスイロササキリ…………98
ウスチャコガネ……………94
ウスバキトンボ……56, 59, 70
ウスバシロチョウ…………105
ウヅキコモリグモ…………122
ウマビル……………………134
ウラギンスジヒョウモン…108
ウラギンヒョウモン………108
エゾスジグロシロチョウ…106
エラミミズ…………………134
エンマコオロギ……………99
オオアオイトトンボ………68
オオアメンボ………………77
オオイトトンボ……………69
オウラギンスジヒョウモン…108
オオカマキリ…………95, 101
オオコオイムシ……………74
オオシカラトンボ………61, 70
オオタカ……………………20
オオタニシ…………………132
オオチャバネセセリ………111
オオツマキヘリカメムシ…79
オオミズスマシ……………89
オオヨコバイ………………80
オオルリボシヤンマ………64
おちゃがらとんぼ…………61
オツネントンボ…………65, 70
オナガササキリ……………98
おにとんぼ…………………63
オニヤンマ………………63, 70
おやかたとんぼ……………63
オンブバッタ………………97

<カ～コ>

カイミジンコ類……………128
ガガンボ類…………………116

カタキンイロジョウカイ…94
カタビロアメンボ類………76
カナヘビ……………………31
カノコガ……………………112
ガムシ……………………87, 89
カヤネズミ…………………13
カラカニグモ………………126
からすへび…………………28
力類…………………………116
カルガモ……………………20
カワウ………………………26
カワニナ……………………133
カワラヒワ…………………26
キアゲハ……………………104
キイトトンボ………………69
キジ…………………………21
キジバト……………………24
キセキレイ…………………25
キタテハ……………………109
キツネ………………………14
キトンボ…………………55, 57
キバネツノトンボ…………118
キバラコモリグモ…………122
キリウジガガンボ…………116
ギンブナ……………………48
ギンヤンマ…………………62
クサガメ……………………32
クサギカメムシ……………79
クモガタヒョウモン………108
クロイトトンボ……………69
クロゲンゴロウ……84, 86, 89
クロスジギンヤンマ……62, 70
クロズマメゲンゴロウ…85, 86
クワハムシ…………………94
ケシカタビロアメンボ……76
ケシゲンゴロウ…………85, 86
ケバエ類……………………117
ケラ…………………………100
ゲンゴロウ…………81, 82, 83
　　　　　　　　　　 86, 89
ゲンジボタル………………90
コアシナガバチ類…………114
コイ…………………………48
ゴイサギ………………18, 19

コウベツブゲンゴロウ……85	ショウリョウバッタ…………97	ツバメシジミ …………107
コウベモグラ……………12	ショウリョウバッタモドキ…97	つぶ……………………132
コオイムシ………………74	ジョロウグモ…………124	ツブゲンゴロウ…………85, 86
コオロギ類………………99	しょんべんがえる…………34	ツブゲンゴロウ類………85
コガシラアワフキの一種…80	シリアゲムシ類 …………119	つぼ……………………132
コガシラミズムシ類………89	しろかきとんぼ……………60	ツマグロイナゴモドキ…96
コガタノミズアブ………115	シロヒトリ……………112	ツマグロオオヨコバイ…80
コガネグモ……………124	シロフアブ……………117	ツマグロヒョウモン……108
コカマキリ……………101	スジグロシロチョウ……106	ツマグロヨコバイ………80
コガムシ……………88, 89	スジブトハシリグモ……123	ツメクサガ……………112
コサギ………………18, 19	スズメ……………………24	テン………………………13
コサナエ…………………64	セアカヒラタゴミムシ…93	てんじんさま……………65
コシアキトンボ…………64	せきりん…………………25	てんじんばった…………97
コシダカヒメモノアラガイ 132	セキレイ類………………25	トウキョウダルマガエル…39
コシマゲンゴロウ……84, 86	セグロセキレイ…………25	とおくろう………………82
コジャノメ……………110	セジロウンカ……………80	トガリアシナガグモ……125
コジュケイ………………21	セマダラコガネ…………94	トゲカメムシ……………79
コツブゲンゴロウ………86	<タ〜ト>	トゲヒシバッタ…………100
コノシメトンボ …53, 58, 70	タイコウチ………………73	ドジョウ…………………47
コハナグモ……………126	ダイサギ……………18, 19	トノサマガエル………38, 44
コバネアオイトトンボ…68	タイリクアキアカネ……50	ドバト……………………24
コバネイナゴ……………96	タガメ……………………75	トビ………………………20
コバネササキリ…………98	タゲリ……………………26	トビムシ類……………120
ゴマフガムシ類…………88	タシギ……………………26	ドブシジミ……………133
こむそう…………………97	タニシ類…………131, 132	ドロオイ…………………92
こもそう…………………97	タヌキ…………………11, 14	どんびき…………………38
コモリグモ類……………122	タモロコ…………………48	<ナ〜ノ>
<サ〜ソ>	ダルマガエル…………39, 44	ナガオカモノアラガイ……132
サカマキガイ……………132	タンボオカメコオロギ…99	ナガコガネグモ……121, 124
サギ類………………18, 19	チスイビル……………134	ナカムラオニグモ……125
ササキリ類………………98	チビゲンゴロウ………85, 86	ナキイナゴ………………97
サシバ……………………20	チャバネセセリ…………111	ナツアカネ………52, 59, 70
サワガニ…………………129	チュウガタコガネグモ…124	ナナホシテントウ………94
シータテハ……………109	チュウサギ…………18, 19	ナマズ……………………47
シオカラトンボ………60, 70	チョウゲンボウ…………20	ナミアゲハ……………104
シオヤトンボ ………60, 70	チョウセンカマキリ……101	ナミハナアブ……………117
ジネズミ…………………12	ちょっか…………………77	ニホンアカガエル……36, 37
シマドジョウ……………47	チリメンカワニナ………133	ニホンカモシカ…………15
シマハナアブ……………117	ちんぼはさみ……………73	ニホンジカ………………15
シマヘビ…………………28	ツチガエル………………42	ニホントカゲ……………31
ジムグリ…………………30	ツチハンミョウの一種…94	ニホンマメシジミ………133
ジャノメチョウ…………110	ツヅレサセコオロギ……99	ニュウナイスズメ………24
シュレーゲルアオガエル…40, 41, 44	ツノアオカメムシ………79	ヌマガエル………………42
ショウジョウトンボ …56, 58, 70	ツバメ……………………22	ねいさま…………………72

137

ネキトンボ …………55, 58	ヒラタガムシの一種 ……88, 89	ミズカマキリ …………71, 72
ネコハエトリ ……………126	ヒラマキガイモドキ ……133	ミズギワカメムシ類………78
ネズミ類 …………………13	ヒラマキミズマイマイ ……133	ミズスマシ ………………89
ノシメトンボ……49, 52, 58, 70	ひるんぺ …………………134	ミズムシ …………………130
ノスリ ……………………20	ヒロバネヒナバッタ ………97	ミズムシ類 ………………76
<ハ～ホ>	ふうせんむし ……………76	ミドリヒョウモン ………108
ハイイロゲンゴロウ ………84	フクログモの一種 ………126	ミミズ類 …………………134
ハクセキレイ ……………25	フタオビコヤガ …………111	ミヤマアカネ …………53, 57
ハクビシン ………………14	フタバカゲロウ …………119	ミヤマカメムシ …………79
ハグロトンボ ……………69	フタモンアシナガバチ ……114	ミヤマシジミ ……………107
ハシブトガラス ……………21	ブチヒゲクロカスミカメムシ …79	ミヤマチャバネセセリ ……111
ハシボソガラス ……………21	フノジグモ ………………126	むぎわらきんぎょ ………128
ハタネズミ ………………13	ブライアシリアゲ ………119	むぎわらとんぼ ……………61
ハッチョウトンボ ………64	ヘイケボタル ……………90	ムクドリ …………………23
ハナアブ類 ………………117	ベニシジミ ………………106	めくらとんぼ ……………65
ハネナガイナゴ …………96	ベニモンマダラ …………112	メスアカフキバッタ ………96
ハラビロトンボ …………61, 70	ヘビトンボ ………………118	メスグロヒョウモン ………108
バン ………………………26	べんちょはさみ …………72	メダカ …………………45, 46
ひいる ……………………134	ホウネンエビ …………127, 128	メミズムシ ………………78
ひいろ ……………………134	ホウネンダワラヒビアメバチ……114	めんぱ ……………………46
ひきた ……………………43	ボウフラ …………………116	モートンイトトンボ ……67, 70
ヒゲナガヤチバエ ………117	ホシササキリ ……………98	モノアラガイ ……………132
ヒシバッタ類 ……………100	ホソハリカメムシ …………79	モリアオガエル ……………41
ヒナバッタ ………………97	ホソヒラタアブ …………117	モンキアワフキ ……………80
ヒバカリ …………………29	ホソミオツネントンボ ……66, 70	モンキチョウ …………103, 105
ヒバリ ……………………23	<マ～モ>	モンシロチョウ …………106
ヒミズ ……………………12	マイコアカネ ……………55, 59	<ヤ～ヨ>
ヒメアカタテハ …………109	まぐそきんぎょ …………128	ヤサガタアシナガグモ ……125
ヒメアカネ ……………54, 59	まごたろう ………………118	ヤチスズ …………………99
ヒメアメンボ ……………77	マシジミ …………………133	ヤマアカガエル ……36, 37, 44
ヒメイトアメンボ …………78	マツモムシ ………………75	ヤマカガシ ……………27, 29
ヒメウラナミジャノメ ……110	マドガ ……………………112	やまっかじ ………………29
ヒメギス …………………99	マムシ ……………………31	ヤマトシジミ ……………107
ヒメキベリアオゴミムシ …93	マメゲンゴロウ …………85, 86	ヤマトシリアゲ …………119
ヒメゲンゴロウ …………84, 86	マメシジミ ………………133	ヤマドリ …………………21
ヒメシジミ ………………107	マユタテアカネ ……54, 58, 59	ユスリカ類 ………………116
ヒメジャノメ ……………110	マルガタゲンゴロウ ………84	ヨコバイの一種 ……………80
ヒメタイコウチ ……………73	マルガタゴミムシの一種 …93	ヨツボシトンボ ……………64
ヒメタニシ ………………132	マルタニシ ………………132	よめさまとんぼ ……………50
ヒメミズカマキリ …………72	マルミズムシ類 ……………76	<ラ～ロ>
ヒメモノアラガイ ………132	ミカワオサムシ ……………93	リスアカネ ……………55, 58
ひやっかじ ………………30	ミジンコ類 ………………128	ルリタテハ ………………109
ヒョウモンチョウ ………108	ミズアブ …………………115	
ヒョウモンチョウ類 ……108	ミズアブ類 …………113, 115	

あとがき

　減反、担い手不足、外国米の流入など、米づくりの周辺には、稲作農業自体の存続に係わる重大な問題が山積みである。一方で、農家自身も植物としてイネを見る目を失い、マニュアル化された米づくりが幅をきかしている。そのような中で、稲作農業をめぐる新しいウェイブが広がりつつある。農と自然の研究所の宇根豊さんたちの運動だ。減農薬運動に端を発したこの運動は、米を育てることで、生き物や自然環境、涼しい風までも作り出しているという事実を、認識し評価していこうという試みである。

　2002年1月、長野県有機農業研究会が、宇根豊さんをお招きして「百姓仕事が自然をつくる　－田んぼ・里山・赤とんぼ－」と題したシンポジウムを開いた。それがきっかけとなって伊那谷に在住する農家を中心に「ひと・むし・たんぼの会」という勉強会が立ち上がった。わずか10名ほどの会であるが、自分たちの耕作している水田にどんな生き物たちが暮らしているのかを知りたいという、農家の素直な思いからスタートした。今では、全員がかなりのレベルで田んぼの生き物を観察できるようになり、「虫を見る眼」が確実に育ってきている。この活動によって伊那谷の田んぼの生物相が少しずつ明らかになってきた。

　これまで田んぼの生き物を見るためのガイドとして農文協の「田の虫図鑑」があったが、西日本での事例は伊那谷にはしっくりと当てはまらなかった。そこで、前述の「ひと・むし・たんぼの会」の中で、オリジナルの図鑑を作ろうという気運が盛り上がり、今回の発行にこぎ着けることができた。内容的には、まだまだ調査不足の点が目立ち、伊那谷の田んぼの生き物を完全に網羅しきっていないことは否めない。また、害虫についてはあまりくわしく取り上げず、カエルやトンボなど「ただの虫」を中心に据えて編集した。

　この図鑑は、害虫駆除を目的として虫を知るためのものではない。一般の方も農家の方も区別なく、純粋に田んぼの虫を眺めてみてほしいとの願いから企画したものである。カエルの瞳に、赤トンボの目の色に、カマキリの表情に、忘れかけていた大切な心を見つけ出して欲しい。そして、田んぼの生き物を通して、いま一度、日本人の命の糧であるお米について、稲作農業について考えるきっかけになれば幸いである。

　本書は、2004年7月17日～10月3日の期間に開催された飯田市美術博物館の企画展示の展覧会出版物として発行したものであった。1年が過ぎて印刷した在庫がほとんどなくなりつつあった頃、自然に関する書籍を数多く出されている築地書館から、出版の話をいただいた。

　今回の出版にあたって、著作権の使用について快く承諾して下さった監修者、写真提供者のみなさま、日頃からひと・むし・たんぼの会の活動を支えてくださっている会員家族のみなさま、出版に関してお骨折りいただいた築地書館の稲葉将樹さん、その他調査などでお世話になった多くの方々に心から感謝します。

2006年1月

四方　圭一郎

■監修
　　＜哺乳類＞　岸元良輔（長野県環境保全研究所主任研究員　理学博士）
　　＜鳥類＞　桐生尊義（飯田市美術博物館評議員）
　　＜爬虫類・両生類＞　下山良平（日本爬虫両棲類学会会員　理学博士）
　　＜魚類＞　北野　聡（長野県環境保全研究所研究員　水産学博士）
　　＜トンボ類＞　新井　裕（NPO法人むさしの里山研究会代表）
　　＜カメムシ類・甲虫類＞　永幡嘉之（自然写真家）
　　＜チョウ・ガ類＞　井原道夫（日本鱗翅学会会員）
　　＜バッタ・カマキリ類＞　小林正明（飯田市美術博物館評議員）
　　＜ハチ・ハエ類ほか＞　古田　治（日本昆虫学会会員）
　　＜クモ類＞　壬生英文（飯田市立緑ヶ丘中学校教諭）
　　＜水生節足動物ほか＞　中村貴俊（飯田市美術博物館評議員）
　　＜貝類＞　飯島國昭（日本貝類学会会員）

■編集・本文執筆
　　四方圭一郎

■写真撮影（名前の後の（　）内は本文中で使用している記号と対応）
　　小川文昭(O)　久野公啓(K)　四方圭一郎(S)　瀧沢郁雄(T)　立川直樹(N)
　　ひと・むし・たんぼの会(H)

■エッセイ執筆
　　小川文昭　河崎宏和　瀧沢郁雄　立川直樹

■調査・情報収集
　　ひと・むし・たんぼの会（飯田真緒　今枝一　内川義行　宇津孝　小川文昭
　　小沢尚子　河崎宏和　久野公啓　四方圭一郎　瀧沢郁雄　立川直樹）

■カバー写真（撮影者）
　　交尾するアキアカネ（瀧沢郁雄）
　　産卵にやってきたヤマアカガエル（久野公啓）
　　鳴くアマガエル（久野公啓）
　　泳ぐホウネンエビ（四方圭一郎）
　　水田のダルマガエル（四方圭一郎）

■写真協力（名前の後の（　）内は本文中で使用している記号と対応）
　　新井　裕(A)　飯島國昭(I)　井原道夫(Iha)　岸元良輔(R)　北野　聡(Sa)
　　木下　進(Ki)　後藤光章(G)　小林正明(M)　永幡嘉之(Na)　北城節雄(Ho)
　　吉田保晴(Y)

■資料情報提供などの協力（監修者・写真協力者以外）
　　淺井麻理　有賀辰雄　有賀千代子　有賀信夫　伊沢文雄　伊那市美篶青島区
　　の方々　小田切顕一　熊谷良一　小池孝　筒井和彦　筒井秀文　中川勲
　　中峰空　根橋直行　松島信幸　宮田村教育委員会　松本吏樹郎

（五十音順　敬称略）

■著者紹介

飯田市美術博物館（いいだしびじゅつはくぶつかん）
長野県南部の都市、飯田市が運営する市立の美術館と博物館の複合施設。
美術、人文、自然の三つの分野を包括した総合博物館で、自然分野には3人の学芸員と3人の専門研究員が常勤している。
中央アルプス、南アルプスの峰々に囲まれた伊那谷の地で、里山から高山帯までをフィールドにして、展示や普及活動を活発に行っている。
長野県飯田市追手町2-655-7　TEL0265-22-8118　FAX0265-22-5252
URL=http://www.iida-museum.org

四方圭一郎（しかた　けいいちろう）……編集・本文執筆担当
1970年、京都府生まれ。
信州大学農学部を卒業後、1998年から飯田市美術博物館生物担当学芸員。
子供の頃から続けてきた昆虫採集と大学で学んだ農村計画学をつなぐフィールドとして、田んぼに着目。
ひと・むし・たんぼの会の仲間たちと、調査や議論を重ねている。

ひと・むし・たんぼの会……調査・写真担当
2002年に結成した、田んぼの生き物を調べ、哲学を深めるための会。
4ヘクタールの水田を作りながら生き物に暖かい視線を向ける米専業農家の小川文昭さん、畳の上で寝ることがほとんどなくフィールドを駆け回っている写真家の久野公啓さん、農作業の傍ら網とカメラを放さない専業農家の瀧沢郁雄さん、ゲンゴロウが泳ぎサンショウモが浮かぶ田んぼを耕す専業農家の立川直樹さん、モートンイトトンボの美しさに見せられた専業農家の河崎宏和さん、生まれ育った土地の自然や子どもたちとふれあいながら土地を耕す兼業農家の小沢尚子さん、二人の腕白坊主を抱えながら田んぼに入る兼業農家の飯田真緒さん、調査道具を木で作る大工で兼業農家の今枝一さん、野鳥の生態調査もこなす兼業農家の米山富和さん、農村計画学が専門で信州大学で教鞭をふるう内川義行さん、同じく信州大学で雑草学を教える渡邉修さん、長野県環境保全研究所で哺乳類の生態研究する岸元良輔さん、図鑑の完成を見る前に旅立ってしまった写真家の故宇津孝さん、そして前述の飯田市美術博物館の四方が主要メンバー。その他にも数名の研究者や農家が断続的に活動に参加している。
会では、月に一度集まって米づくりのことや生き物のことを勉強し、刺激を与え合っている。これからも活動を続け、農業や農村の自然環境を深く深く考えていきたい。
連絡先：長野県伊那市美篶9359-1　TEL0265-73-7548（小川）

田んぼの生き物
百姓仕事がつくるフィールドガイド

2006年2月20日　初版発行

編者	飯田市美術博物館
発行者	土井二郎
発行所	築地書館株式会社
	〒104-0045　東京都中央区築地7-4-4-201
	TEL:03-3542-3731　FAX:03-3541-5799
	http://www.tsukiji-shokan.co.jp/
	振替00110-5-19057
装丁	四方圭一郎
印刷・製本	龍共印刷株式会社

© Iida City Museum 2006 printed in Japan ISBN4-8067-1320-1
本書の全部または一部を無断で複写（コピー）することを禁じます。

築地書館の本

《価格・刷数は2006年2月現在》

「百姓仕事」が自然をつくる
2400年めの赤トンボ

宇根豊［著］　●3刷　1600円＋税

田んぼ、里山、赤トンボ……美しい日本の風景は、農業が生産してきたのだ。生き物のにぎわいと結ばれてきた百姓仕事の心地よさと面白さを語り尽くす、ニッポン農業再生宣言。

「ただの虫」を無視しない農業

桐谷圭治［著］　2400円＋税

残留農薬が問題視され、食の安全性を希求する声の高まりとともに減農薬や有機農業がようやく定着しつつある。20世紀の害虫防除をふりかえり、自然環境の保護・保全までを見据えた21世紀の農業のあり方・手法を解説。

擬態 だましあいの進化論1
昆虫の擬態

上田恵介［編著］　●2刷　2400円＋税

【主要目次】美しいチョウには毒がある？／蛾の隠蔽擬態とオオシモフリエダシャクの工業暗化／驚異の世界、ホタル擬態／黄色と黒はハチ模様／シロオビアゲハが語る昆虫のベイツ型擬態の進化／ほか

無農薬で庭づくり
オーガニック・ガーデン・ハンドブック

ひきちガーデンサービス［著］　1800円＋税　●3刷

無農薬・無化学肥料で庭づくりをしてきた植木屋さんが、そのノウハウのすべてを披露。大人も子どももペットも安心、花も木も愛犬もネコも虫も鳥も、みんな生き生きと輝いている庭をつくりませんか？

詳しい内容はホームページで　http://www.tsukiji-shokan.co.jp/